数据挖掘在
Web资源开发与利用中的
应用研究

Application Research of Data Mining in the
Development and Utiliazation of Web Resources

刘忠宝 著

科学出版社

北京

内 容 简 介

　　本书为国家社科基金后期资助项目成果,针对 Web 资源开发利用面临的主要问题,围绕数据挖掘优化方法,对用户行为分析、个性化推荐、Web 信息检索以及 Web 页面链接分析等方面的内容展开研究。该成果定性与定量研究、理论与实证研究相结合,融合多个学科的技术成果,在研究方法和手段上有所创新。该成果既有翔实的理论阐述,又有系列的公式演示,严谨可信,具有较高的理论研究价值;同时该成果提出的一些新型模型和理论框架具有较高的应用价值。

　　本书对信息资源领域专家具有一定的比较借鉴价值,适合作为图书馆学、情报学、计算机科学等学科科研人员和研究生的参考用书。

图书在版编目(CIP)数据

数据挖掘在 Web 资源开发与利用中的应用研究 / 刘忠宝著. —北京:
科学出版社, 2016.12
　ISBN 978-7-03-051401-1

　Ⅰ. ①数… Ⅱ. ①刘… Ⅲ. ①数据采集-应用-互联网络-资源开发-研究②数据采集-应用-互联网络-资源利用-研究 Ⅳ. ①TP393.4

　中国版本图书馆 CIP 数据核字(2016)第 313726 号

责任编辑:刘　超 / 责任校对:张凤琴
责任印制:张　伟 / 封面设计:无极书装

科　学　出　版　社 出版
北京东黄城根北街 16 号
邮政编码:100717
http://www.sciencep.com

北京东华虎彩印刷有限公司 印刷
科学出版社发行　各地新华书店经销

*

2016 年 12 月第 一 版　　开本:720×1000
2018 年 1 月第三次印刷　　印张:14
字数:244 000

定价:88.00 元
(如有印装质量问题,我社负责调换)

国家社科基金后期资助项目
出版说明

　　后期资助项目是国家社科基金项目主要类别之一，旨在鼓励广大人文社会科学工作者潜心治学，扎实研究，多出优秀成果，进一步发挥国家社科基金在繁荣发展哲学社会科学中的示范引导作用。后期资助项目主要资助已基本完成且尚未出版的人文社会科学基础研究的优秀学术成果，以资助学术专著为主，也资助少量学术价值较高的资料汇编和学术含量较高的工具书。为扩大后期资助项目的学术影响，促进成果转化，全国哲学社会科学规划办公室按照"统一设计、统一标识、统一版式、形成系列"的总体要求，组织出版国家社科基金后期资助项目成果。

全国哲学社会科学规划办公室

2014 年 7 月

目　录

第一章　绪论 ··· 1

　　第一节　数据挖掘研究进展 ······································ 1

　　第二节　Web 资源开发与利用进展 ······························ 7

　　第三节　面临的挑战 ·· 14

　　第四节　部分技术难题及研究思路 ································ 16

第二章　特征降维优化方法研究 ·· 18

　　第一节　线性判别分析及其面临的两大问题 ···················· 18

　　第二节　基于多阶矩阵组合的线性判别分析算法 ················ 20

　　第三节　标量化的线性判别分析算法 ·························· 27

　　第四节　基于矩阵指数的线性判别分析算法 ···················· 34

　　第五节　流形判别分析 ·· 39

第三章　智能分类优化方法研究 ·· 48

　　第一节　背景知识 ·· 48

　　第二节　基于光束角思想的最大间隔学习机 ···················· 52

　　第三节　基于空间点的最大间隔模糊分类器 ···················· 65

　　第四节　基于分类超平面的非线性集成学习机 ·················· 73

　　第五节　基于流形判别分析的全局保序学习机 ·················· 79

　　第六节　具有 N-S 磁极效应的最大间隔模糊分类器 ············· 87

　　第七节　基于核密度估计与熵理论的最大间隔学习机 ············ 96

第四章　Web 环境下用户行为分析 ···································· 104

　　第一节　网络用户及行为 ·· 104

　　第二节　数据挖掘与用户行为分析 ······························ 110

　　第三节　国内外研究进展 ·· 112

　　第四节　基于访问页面的多标记用户分类系统构建方法研究 ··· 119

　　第五节　面向大规模信息的用户分类方法研究 ·················· 125

　　第六节　基于互信息的不平衡 Web 访问页面分类方法研究 ······ 130

第五章　Web 资源个性化推荐方法研究 ································ 135

　　第一节　个性化及推荐系统 ······································ 136

第二节　推荐系统研究进展 ··· 144

第三节　基于兴趣图谱的学习资源推荐方法研究 ············· 146

第四节　移动情境感知的个性化推荐方法研究 ················ 151

第六章　基于 Web 的信息检索系统研究 ······················· 159

第一节　信息检索系统研究进展 ····································· 159

第二节　信息检索系统面临的挑战 ·································· 167

第三节　基于用户兴趣模型的个性化搜索引擎研究 ········· 167

第四节　跨媒体检索技术研究 ··· 177

第七章　Web 页面链接分析的应用研究 ························· 183

第一节　链接分析研究进展 ·· 183

第二节　链接分析法的局限性及其发展前景 ··············· 187

第三节　基于链接分析算法的页面分类系统构建方法研究 ······ 188

参考文献 ·· 194

第一章 绪 论

第一节 数据挖掘研究进展

随着互联网技术的不断发展，网上的数据量日益增长，人们往往在数据海洋中迷失方向。如何对海量数据进行分析并发现有用知识成为时下人们关注的热点问题。数据挖掘技术的出现为人们解决上述困扰提供了可能。数据挖掘是指通过对海量的数据进行有目的地提取、分拣、归类，挖掘出有用信息，用于为行业领域提供决策支持。当前主流的数据挖掘技术主要包括特征降维、智能分类、聚类分析等三方面的内容。

一、特征降维

真实世界中的很多数据是高维的，即数据包含很多属性或特征。尽管高维数据比低维数据拥有更多的信息量，但在实际应用中对高维数据进行直接操作将会非常困难。首先，"维数灾难"[1,2]会导致分类学习所需的有标记样本随着维数的增加，计算量呈指数倍增长，部分算法在极高维空间中甚至无法工作；其次，人们在低维空间中形成的一些直觉在高维空间中可能会失效。例如，对于二维空间中的单位圆和单位正方形，两者的面积相差不多；对于三维空间中的单位球和单位立方体，两者的体积也差不多。然而随着维数的升高，在高维空间中超球的体积相对于超立方体的体积会迅速变小。

为了解决高维数据所面临的问题，一种有效的方法是对其进行降维。笼统地说，降维是指为高维数据获取一个能忠实反映原始数据固有特性的低维表示。降维有特征选择和特征提取两种方式[3-5]。

特征选择的基本原则是选择类别相关的特征而排除冗余的特征。即根据某种准则从一组数量为 D 的特征中选择出数量为 d（$D>d$）的一组最优特征的过程。特征选择通过降低原始数据的相关性和冗余性，在一定程度上解决了"维数灾难"问题。特征选择主要分三类[6-9]：①过滤法。设计一个评分函数对每个特征评分，按分数高低将特征排序，并将排名靠前的特征作为特征子集；②封装法。把学习机作为一个黑箱并通过验证样本上的正确率来衡量特征子集的性能，一般采用向前或向后搜索生成候选特征子集；③嵌入式法。该方法是一种结合学习机评价特征子集的特征选择模型，具有封装法的精度和过滤法的效率。近年来，众多学者从事特征选择研究，并取得一些成果。Kira 和 Rendell 提出的 Relief[10]算法根据特征值在同类实例中以及相近不同类实例中的区分能力来评价特征的相关度；Nakariyakui 和 Casasent 提出的分支跳跃法[11]通过对解决方案树中某些节点不必要评价函数的计算来提高搜索速度；Brodley 提出的 FSSEM 算法[12]根据最大化的期望值来选择特征子集；Whiteson 等提出的 FS-NEAT 算法[13]通过特征集合搜索和拓扑网络学习解决特征选择问题。

　　特征提取是指原始特征空间根据某种准则变换得到低维投影空间的过程。与特征选择相比，特征提取的降维效率更高[14]。特征提取可分为线性方法和非线性方法两类。经过几十年的发展，研究人员提出多种线性特征提取方法：非负矩阵分解（non-negative matrix factorization，NMF）[15]通过将原始特征空间低秩近似保证降维后的特征非负；因子分解（factor analysis）[16]通过降低原始特征空间的相关性实现降维；奇异值分解（singular value decomposition，SVD）[17]通过考察奇异值的贡献率实现降维；主成分分析（principal component analysis，PCA）[18]通过对原始特征空间方差的研究得到一组正交的主成分；独立成分分析（independent component analysis，ICA）[19]利用原始特征空间的二阶和高阶统计信息，进一步提高了 PCA 的降维效率；线性判别分析（linear discriminant analysis，LDA）[20]通过最大化类间离散度和类内离散度的广义 Rayleigh 熵实现特征变换。线性特征提取方法不能保持原始特征空间的局部信息，没有充分考虑数据的流形结构。鉴于此，近年来出现了众多非线性特征提取方法：核主成分分析（kernel principal component analysis，KPCA）[21]和核 Fisher 线性判别分析（kernel linear Fisher discriminant analysis，KLDA）[22,23]分别在 PCA 和 LDA 的基础上引入核方法，将 PCA 和 LDA 的适用范围从线性空间推广到非线性空间；多维缩放（multi-dimensional scaling，MDS）[24]通过保持数据点间的相似性实现降维；ISOMAP（isometric mapping）的主要思想是利用数据间的测地线距离代替欧式距离，然后利用 MDS 来求解；局部线性嵌入（locally linear embedding，LLE）[25]利用稀疏矩阵算法实现降维；拉普拉斯特征映射

(Laplacian eigenmap, LE)[26]利用谱技术实现降维。此外，近年来还出现了一系列基于流行学习的算法，如局部切空间排列方法（local tangent space alighment, LTSA）[27]、海森特征谱方法（Hessian eigenmap, HE）[28]、保局投影（locally preserving projections, LPP）[29]、近邻保持映射（neighborhood preserving projection, NPP）[30]等。这些算法本质上都是非线性降维方法，并没有利用样本的类别信息，鉴于此，研究人员提出了有监督非线性降维方法，如判别近邻嵌入（discriminant neighborhood embedding, DNE）[31]、最大边缘投影（maximum margin projection, MMP）[32]等。DNE 算法基于不同类别拥有不同低维流形这一假设，为每个类别分别建立流形结构，然后通过最大化不同类别间近邻样本距离、最小化相同类别近邻样本距离得到最终的子空间。MMP 则是一种半监督学习方法，其考虑是现实中获得样本的标记比较困难，所以对于获得的样本，如果有标记则应尽量区分不同的流形结构，如果没有标记则尽量发现其所在的流形结构。MMP 将 LPP 和 DNE 结合，通过求解广义特征值问题得到子空间。流形学习在数据可视化领域得到了广泛的应用。然而，由于流形学习隐式地将数据从高维空间向低维空间映射，所以其不足之处在于无法得到新样本在低维子空间的分布。流形学习在描述邻域结构时还存在邻域选择、邻域权重设置等问题。

上述降维方法无法解释各变量对数据表示和分类的影响。鉴于此，研究人员提出基于稀疏表示的特征提取方法。稀疏表示是由傅里叶变换和小波变换等传统的信号表示扩展而来，目前在模式识别、计算机视觉、信号处理等领域得到成功的应用。迄今为止，基于稀疏的降维方法典型代表有[33]：稀疏主成分分析（sparse principal component analysis, SPCA）、稀疏线性判别分析（sparse linear discriminant analysis, SLDA）、稀疏表示分类器（sparse representation-based classification, SRC）、稀疏保持投影（sparsity preserving projections, SPP）等。SPCA 没有考虑样本的类别信息，因此，不利于后续的分类任务。SLDA 可以用于解决二分类问题，但对于多类问题，并不能像 LDA 那样进行直接的扩展。SRC 在流形稀疏表示的框架下保持数据的局部属性，该方法成功地应用于人脸识别。SPP 将系数表示的稀疏性作为一种自然鉴别信息引入到特征提取中，并在人脸数据集上证明了其有效性。然而，稀疏表示在寻找子空间的过程会牺牲类内的同一性，因为它是对单个样本分别获取它们的稀疏表示，因此缺乏对数据全局性的约束，无法准确地描述数据的全局结构。当数据包含大量噪声或者有损坏时，这个缺点会使算法的性能明显下降。

二、智能分类

　　智能分类是数据挖掘的另一项重要内容，分类技术的核心是构造分类器。分类器一般具有良好的泛化能力，能够准确地预测未知样本的类别。分类器工作一般经历训练和测试两个阶段。训练阶段根据训练数据集的特点得到分类标准；测试阶段完成新进数据类属判定的任务。按照不同的标准，可对分类器进行如下分类：根据工作原理，可将分类器分为概率密度模型、决策边界学习模型和和混合模型。概率密度模型在估计每类概率密度函数的基础上用贝叶斯决策规则实现分类；决策边界学习模型在学习过程中最优化一个目标函数，该函数表示训练样本集上的分类错误率、错误率的上界或与分类错误率相关的损失；混合模型先对每类模型建立一个概率密度模型，然后用判别学习准则对概率密度模型的参数进行优化。根据表达形式，可将分类器分为区分模型和生成模型。区分模型通过对训练样本学习生成分类标准；生成模型根据概率依赖关系构造分类模型。根据求解策略，可将分类器分为基于经验风险最小化模型和基于结构风险最小化模型。早期的分类器求解算法基本上基于经验风险最小化原则；结构风险最小化模型基于权衡经验风险和置信范围。

　　近年来，智能分类受到中外学者的极大关注，在数据挖掘、机器学习、情报分析等领域得到广泛研究并取得令人振奋的成果。决策树分类方面，Quinlan 提出的 ID3 算法[34]在信息论互信息的基础上建立树状分类模型；针对 ID3 的不足，先后提出 C4.5[35]、PUBLIC[36]、SLIQ[37]、RainForest[38]等改进算法。基于关联规则分类方面，Liu 等提出的关联分析算法（classification based on association，CBA）[39]采用经典的 Apriori 算法发现关联规则；Li 等提出的多维关联规则的分类算法（classification based on multiple class association rules，CMAR）[40]利用 FP-Growth 算法挖掘关联规则；Yin 等提出的预测性关联规则分类算法（classification based on prediction association rules，CPAR）[41]采用贪婪算法直接从训练样本中挖掘关联规则。支持向量机方面，Vapnik 等提出支持向量机（support vector machine，SVM），由于最优化问题中有一个惩罚参数 C 因此也称为 C-SVM[42-44]；由于参数 C 没有确切含义且选取困难，Scholkopf 等提出 ν-SVM[45]，其中参数 ν 用来控制支持向量的数目和误差且易于选取；通过扩展 SVM 最大间隔的思想，Scholkopf 在前人工作的基础上提出单类支持向量机（one class support vector machine，OCSVM）[46]，该方法通过构造超平面来划分正常数据和异常数据；针对单类问题，Tax 等提出支持向量数据描述（support vector data description，SVDD）[47]的概念，该方法采用最小体积超球约束目标数据达到剔除奇异点的目的；Tsang 等提出基于最小包含球（minimum enclosing ball，MEB）的核心向量机（core vector machine，CVM）[48]，该方法有效地提高了 SVM 求解二次规划问题的效率。此外，常见的 SVM 变种还有：最小二乘支持向量机（least squares support vector machine，LSSVM）[49]、Lagrangian 支持向量机（largrangian support vector machine，LSVM）[50]、简约支持向量机（reduced support vector machine，RSVM）[51]、光滑支持向量机（smooth support vector machine，SSVM）[52]等。贝叶斯分类方面，Kononenko 提出的半朴素贝叶斯分类器（semi-naive Bayesian classifier）[53]采用穷尽搜索的属性分组技术实现分类；Langley 等提出的基于属性删除的选择性贝叶斯分类器（selective Bayesian classifier based on attribute deletion）[54]通过删除冗余属性来提高分类精度；Kohavi 通过将朴素贝叶斯分类器和决策树相结合提出朴素贝叶斯树型学习机（naïve Bayesian tree learner，NBT）[55]；Zheng 等提出的基于懒惰式贝叶斯规则的学习算法（lazy Bayesian rule learning algorithm，LBR）[56]将懒惰式技术应用到局部朴素贝叶斯规则的归纳中；Friedman 等提出的树扩张型贝叶斯分类器（tree augmented Bayesian classifier，TAN）[57]通过构造最大权生成树实现分类。此外，还有神经网络分类算法、K-近邻分类法、基于粒度和群的分类算法等。

上述分类方法各有特点和适用范围，它们之间互相渗透、相互共存。经过几十年的发展，智能分类方法表现出强大的生命力，其理论体系不断完善，应用领域不断扩大，关注程度不断提高。随着相关理论和技术逐步完善，智能分类理论和方法必将不断发展。

三、聚类分析

聚类分析是指将一个数据集依据某种规则分成若干子集的过程，这些子集由相似元素构成。聚类分析是一种典型的无监督学习方法，它在进行分类与预测时无需事先学习数据集的特征，具有更优的智能性。聚类分析在 Web 资源开发与利用中发挥着重要作用。

当前主流的聚类算法包括以下几类：层次聚类算法、划分聚类算法、基于密度和网格的聚类算法以及其他聚类算法。

层次聚类算法利用数据的连接规则，通过层次架构的方式反复将数据分裂或聚合，以便形成一个层次序列的聚类问题的解。典型代表有：Gelbard 等提出的正二进制方法[58]，该方法将待聚类数据存储在以由 0 和 1 组成的二维矩阵中，其中行表示记录，列表示属性值，1 和 0 分别表示记录是否存在对应的属性值；Kumar 等提出基于不可分辨粗聚合的层次聚类算法（rough clustering of sequential data，RCOSD）[59]，该算法适用于挖掘连续数据的特征，可以帮助人们有效地描述潜在 Web 用户组的特征；此外，基于 Quartet 树的快速聚类算法[60]以及 Hungarian 聚类算法[61]也具有一定代表性。层次聚类算法最大优势在于无需事先给定聚类数量，可以灵活地控制聚类粒度，准确表达聚类簇间关系。主要不足在于其无法回溯处理已形成的聚类簇。

划分聚类算法需要事先给出聚类数量或聚类中心，为了确保目标函数最优，不断迭代，直至当目标函数值收敛时，可得聚类结果。典型代表有：MacQueen 提出的 K-means 算法[62]，该算法试图找到若干个聚类中心，通过最小化每个数据点与其聚类中心之间的距离之和来构建最优化问题；为了提高 K-means 算法的普适性，Huang 提出了面向分类属性数据的 K-modes 聚类算法[63]；Chaturvedi 等提出面向分类属性数据的非参数聚类方法 K-modes-CGC[64]；Sun 等在 K-modes 算法基础上提出迭代初始点集求精 K-modes 算法[65]；Ding 等将统计模式识别中的重要概念——最近邻一致性应用到聚类分析提出一致性保留 K-means 算法[66]；Ruspini 将模糊集理论与聚类分析有机结合起来，提出模糊聚类算法（fuzzy c-means，FCM）。划分聚类算法的优点在于收敛速度快，缺点是该类算法需要事先指定聚类数量。

基于密度的聚类算法利用数据密度发现类簇；基于网格的聚类算法通过构造一个网格结构实现模式聚类。上述两类算法适用于空间信息处理，并常常合并在一起使用。典型代表有：Zhao 等提出的网格密度等值线聚类算法（grid-based density isoline clustering，GDILC）[67]；Ma 提出的基于移位网格的非参数型聚类算法（shifting grid clustering，SGC）[68]；Pileva 等提出的面向高维数据的网格聚类算法[69]；Micro 等提出基于密度的自适应聚类算法[70]，该算法适用于移动对象轨迹数据处理，并且对处理形状复杂的簇具有明显的优势。其他一些常见的聚类算法有：Tsai 等提出一种新颖的具有不同偏好的蚁群系统[71]，该系统用以解决数据聚类问题；基于最大 θ 距离子树的聚类算法、图论松弛聚类（graph-based relaxed clustering，GBR）算法以及基于 dominant 集的点对聚类算法。

随着互联网技术的发展，Web 资源规模日益增大，各种结构复杂的数据不断涌现。如何对这些复杂数据进行聚类分析成为广大研究人员面临的重要课题。

第二节 Web 资源开发与利用进展

Web 资源是一种新型的数字化资源和社会化信息。它利用超文本链接，构成立体网状文献信息链，把不同国家、不同地区、各种服务器、各种网站网页、各种不同信息资源通过节点连接起来，形成多渠道、互动交流的"非出版的数字化信息"。与传统信息资源相比，Web 资源无论在数量类型、分布结构、传播范围、交流机制、查询手段等方面都存在明显差异。Web 资源开发与利用主要包括 Web 资源保存、组织管理和信息提取三方面的内容。

一、Web 资源保存

Web 资源数量大、种类多、生命周期短、更新速度快，若不对其采取保存措施，将会造成重要数字资源的丢失。国内外目前已经达成了共识，即 Web 资源是国家文化的重要组成部分，必须对其进行长期保存[72,73]。近年来，世界各国开展了一些重要的 Web 资源保存项目，典型的代表如下。

（一）美国国会图书馆 Minerva 项目

美国国会图书馆启动 Minerva 项目旨在收集和保存原生网络信息资源。美国国会拨款 1 亿美元给国会图书馆进行数字保存项目研究，并委托国会图书馆制定国家数字信息基础结构和保存项目的具体计划。同时敦促国会图书馆和其他联邦机构、研究界、图书馆界及商界等部门密切合作。该项目主要对 6 个方面的内容进行保存，即 Web 信息、数字视频、数字音频、数字期刊、电子图书和数字电视。其中，Web 资源的整理和保存被视为该计划的重要组成部分。

（二）澳大利亚国家图书馆的 Pandora 项目

澳大利亚国家图书馆启动了 Pandora 计划，与其他 9 家单位合作形成了分布式的保存网络，以确保所选择的澳大利亚网络出版物及其他信息可长期读取。这些 Web 资源是澳大利亚文化遗产的重要组成部分。该项目采取有选择地保存网络信息资源的策略，并把所采集的 Web 资源按内容分为 15 大种类：艺术和人文、商业与经济、计算机与网络、教育、环境、健康、历史与地理、本地居民、青少年读物、法律与犯罪、新闻与媒体、政治与政府、科技、社会与文化、运动与娱乐等。作为国际互联网保存协会的成员，澳大利亚国家图书馆积极推动 Pandora 项目参与国际合作，以探讨和共享与 Web 资源归档保存有关的技术。

（三）英国 Web 资源保存项目

英国国家图书馆的 Britain On The Web 项目有选择地收集了 Web 资源 9 大种类：国防与对外政策、司法与国家安全、环境、就业和国家财政、健康和教育、文化媒体和体育、市场服务政策、政府与宪法筹备、公众调查，同时提供免费的服务。此外，英国 Web 存档联盟项目的目标是研究存档解决方案，以保证在网络空间内出版的有价值的学术、文化和科学资源不会丢失。包括大英图书馆在内的 6 个机构参与了该项目。

（四）欧洲的 NEDLIB 计划

NEDLIB 是欧洲国家图书馆的合作项目，该项目由荷兰国家图书馆领导，参加方包括法国、挪威、芬兰、德国、葡萄牙、瑞士、意大利等国的国家图书馆，以及 Kluwer Academic、Elsevier Science、Springer Verlag 等 3 家出版机构。其目标是建立欧洲网络化存储体系的基础构架，并致力保证所收集与保存的电子出版物可在现代和未来使用。

（五）瑞典国家图书馆 Kulturarw 项目

Kulturarw 项目的目的是测试瑞典在线文献的收集、保存和提供读取的方法。至今已经成功地完全下载 7 个瑞典网站，收藏约 6500 万条信息，数据量达到 300GB，其中有一半是文本文件，主要是 HTML 和纯文本格式。

（六）法国 BnF 网络保存计划

该计划由法国国家图书馆负责实施，旨在存储和管理网络文献，为未来提供特定历史时期具有代表性的 Web 资源。BnF 采取选择性保存策略，对于正规的网络出版物，采取人工选择，但该方法效率较低。而对于更为广泛的 Web 资源，则用自动爬行器来获取。自动爬行程序的使用使管理更广范围的网址成为可能，而且可以最快最大量地收集到网上巨大规模的文献信息。

（七）德国海德堡大学的汉学研究数字档案馆项目

该项目是汉学研究数字信息资源欧洲中心的一部分，位于德国海德堡大学汉学研究所内。除了提高本地所有印刷资源的质量以及改善获取渠道外，其宗旨是进一步推动欧洲各地获取和利用汉学相关数字信息资源。为此，该中心收集各种形式的全文数据库，并使尽可能多的人可以存取；编制虚拟图书查询检索系统和联合目录，帮助找出欧洲各图书馆所收藏的与中国有关的印刷资源；创办重要的有关中国的网络资源指南；建设符合上述宗旨的 IT 基础设施。

（八）中国国家图书馆的 WICP 项目

中国国家图书馆组织实施了网络信息资源保存的实验项目。该项目采用了两种保存策略：一是镜像存档，即以网站为信息单元进行网络信息存档。从对象网站的首页开始，收集该网站的全部网页信息，采集的数据保持原来的目录结构，并保存到存档系统中。在不同的时间点对同一对象做重复采集，即形成该对象网站的时间切片。对网站进行编目，元数据输入到国家总书目中；二是专题存档，即以网页为信息单元进行网络信息存档。按不同专题确定对象网站，从对象网站的首页开始，收集该网站下的有用网页，进行内容提取、自动分类和标引，并将其保存到存档系统。

（九）中国 Web 信息博物馆

中国 Web 信息博物馆由北京大学计算机网络与分布式系统实验室主持开发的中国网页历史信息存储与展示系统，包括历史网页存储系统和回放系统两个部分。这两部分独立完成各自的任务，回放系统是基于存储系统完成的。目前系统可以收集中国所有静态网页，并提供历史网页的存档和回放。该系统主要有如下几项功能：① 输入 URL，浏览永久保存的历史网页；② 典型历史网页展示，可以顺着超链接在历史网页中持续浏览；③ 历史事件专题回放。与普通网上搜索不同的是，它能为用户提供一个完整的历史网页，而不是单篇文章。这对于追寻重大历史事件发展进程的全貌有着特殊意义。作为全国最大、最完整的互联网内容信息收集与仓储中心，中国 Web 信息博物馆现收藏有约 10 亿个中文网页，并以平均每月增加 1000 万网页的速度扩张。

二、Web 资源组织

Web 资源的组织建立在超文本传输协议 HTTP 和超文本语言 HTML 基础之上，以超文本或超媒体的形式实现。Web 上的信息通过 Web 站点上的页面表示，简称为 Web 网页。这些页面使用 HTML 语言，并利用 HTML 标记和各种多媒体资源构成链接，形成超文本，同时还可以通过标记链接到本站点或其他站点的页面，形成数据网络。Web 网页包括主页和子页，是互联网的基本信息组织方式，也是用户使用网络信息资源的主要形式。

当前 Web 资源组织方法主要有元数据法、内容分类法、主题组织法等方法[74]。

（一）元数据法

元数据法包括数据库和搜索引擎。元数据是对资源的信息进行描述，即关于数据的数据，目前常见的类型有 MARC、GILS、TEI、FGDC、DC、IAFA 等。从元数据的定义中可以看出，元数据法可以帮助用户更好地识别、评价、引用 Web 资源。在对 Web 资源的组织上，元数据法所起到的作用有：知识描述（描述 Web 资源的内容、主题、关键词等，利于用户了解 Web 资源的中心内容）、知识定位（提供 Web 资源的来源、存储位置等）、语义搜索（提供链接或其他便于找到 Web 资源信息）、知识评估（对 Web 资源的价值、准确性、权威性等进行评估）等。应用元数据法，可以对 Web 资源的现有一般信息即内容和主题等进行更深入的描述，如其出版信息、作者信息、合作信息、时效性、效益性等，通过以上信息的描述和整理，用户就能更便捷地对 Web 资源进行组织，判断其能否适合自己的解决问题的需要，能为自己创造什么利益，进而做出选择。

然而，由于元数据法尚处于起步阶段，没能形成完善的组织系统，在很多方面都存在这样那样的问题，所以急需研究者对之进行细化和完善，使之发挥更大的作用。

（二）内容分类法

内容分类法是指对从网络上得到的各学科领域的信息资源进行初步的识别后，进一步整理、归纳，按照详细内容进行分类，把相同领域的信息整合到一起，并按一定的顺序和规律进行系统的索引编号。内容分类法是传统图书馆对馆藏书籍进行分类、收编的方法之一，如今随着网络信息技术的发展，大量的网络信息和电子书籍不断涌现，这一传统方法也逐渐被应用于 Web 资源，并借助于现代信息技术中数据库、搜索引擎的帮助，焕发出新的生机。内容分类法的优势在于其将繁杂的庞大信息资源分门别类，使原本错综复杂的信息资源变得清晰条理，犹如为用户编绘了一张简单明了的索引图，用户只要按照索引提示"按图索骥"，就能方便地得到自己想要的信息资源，也能方便地对其进行评价。

内容分类法将所有信息资源按某种事先确定的体系结构组织信息，用户通过逐层浏览选择信息，具有严密的系统性和良好的可扩充性，但不适用于建立大型综合性资源系统，仅在建立专业性或示范性信息资源体系时才显出结构清晰和使用方便的优点。在网络环境下组织信息资源必须对内容分类法进行改造，要增补类目，增强语言的直观性和透明度，扩展同主题法即主题词表的联系，增强兼容性和国际通用性。

（三）主题组织法

主题组织法按照确定的规范标准对现有信息按其主题（专业、领域等）建立起一个大的主题，然后在这大主题下，继续细分，建立起一系列平行的小主题目录，最后形成树状的主题树网络。这样做的好处是：① 揭示信息直观，事实上，主题词也是组织 Web 资源的重要方法之一；② 便于特性检索。主题组织法从信息本身特质出发，结合搜索手段，能最便捷地根据信息的特性检索到目标信息；③ 设置浏览等级。主题组织法可以根据不同用户的知识水平和需求级别，设置不同的信息等级，用户可以根据自身实际情况，直接跳过不适合的等级进入相应等级的信息库中检索信息，从而节省了精力和时间。主题组织法建立起后，以其严谨、指向性强、检索准确性高、系统严密等特点迅速成为 Web 资源组织的热点。从目前来看，主题组织法的作用体现在两方面：一是在主题树检索网络的系统中为用户组织、利用、评价信息提供了便利；二是由于与内容分类法相辅相成，互相补充，使得网络资源的组织与评价更为顺利。

　　然而，主题组织法也存在一定的不足：一是和内容分类法一样，对信息的描述不够深入；二是必须先建立起严密的主题树网络才能进行应用；三是某些目录下细化得过于繁杂，造成了整体的复杂冗余。因此，必须在已有研究基础上，继续探寻新的组织方法。

三、Web 信息提取

　　Web 信息提取就是从 Web 页面所包含的无结构或半结构的信息中识别用户感兴趣的数据，并将从源的结构中分离，转化为结构和语义更为规范和清晰的格式。

　　在 Web 信息提取的研究中，主要工作就是把 Web 页面的有效信息提取出来，并且能够转换为一种结构良好、可以进一步处理的数据结构进行存储。包装器是数据提取系统中的一个重要组成部分，它包括一系列的提取规则以及应用这些规则的程序代码。根据包装器的生成方式，Web 信息提取方法可以分为基于知识工程的方法、自动学习方法和基于 HTML 结构的 Web 信息提取方法[75]。

（一）基于知识工程的方法

　　该方法通过运用应用领域的知识手工地构建系统语法表示规则，从而半自动地生成包装器。该系统在一定程度上依赖于专家在该领域的技巧。典型的系统有 W4F（wysiwyg web wrapper factory）、XWRAP 等。

　　W4F 系统通过由 Java 语言编写的解析器把 HTML 文档解析为文档对象模型（document object model，DOM）结构，并通过其自定义的 HTML 提取语言 HEL，对 Web 文档进行信息提取，最后把提取到的数据保存到其自定义的内部数据结构 NSL（nested string list）中。W4F 的提取规则是由用户完全手工编写的，用户既需要懂得 HTML 描述的文档结构，还需要掌握复杂的描述提取规则的 HEL 语法，这对大多数的用户来说难度非常大，因此 W4F 并没有得到推广。

　　XWRAP 是 Jussi Myllymaki 在 W4F 的基础上利用 XML 标准规范 XHTML 和 XSLT 定义提取规则，将 HTML 转换为 XML 文档的一种半自动的 Wrapper 生成器。

（二）自动学习方法

　　该方法以网页训练集代替领域专家，通过对训练集进行学习，自动产生提取规则。与基于知识工程的方法相比，自动学习方法显得更为方便快捷，但是在一定程度上依赖于训练集的选择。自动学习方法把 Web 信息提取分为两部分：一是通过对训练集的训练得到提取规则，二是通过待提取网页与规则的匹配提取所需的数据信息。

随着人们对 Web 信息提取技术的研究，基于自动学习的 Web 信息提取方法主要有以下三种技术：

1) 基于模式分析的方法：该方法分析页面文档中 HTML 标记及文本出现的模式与关系，通过递归运算从少量的训练样本中自动学习发现数据之间的联系，并生成提取规则。

2) 基于归纳学习的方法：该方法从一组训练页面中归纳未知的目标概念，并将其用于解释新发现的知识。归纳学习广泛应用于智能分类、知识获取、知识发现等领域。典型的基于归纳学习的系统有 WHISK、SRV 等。

3) 基于统计的方法：该方法是近几年用于 Web 信息提取的一种统计学方法。其典型代表是隐马尔可夫算法（hidden markov model，HMM）。HMM 是马尔可夫链的推广，它将观察到的事件与状态通过一组概率分布相联系，是一个双重随机过程。马尔可夫链用于描述状态之间的转移，随机过程描述了状态和观察值之间的统计对应关系。HMM 可以看过一个基于统计的有限状态自动机。该方法在自然语言处理领域得到广泛应用，其在处理新数据时具有良好的健壮性。

（三）基于 HTML 结构的 Web 信息提取方法

基于 HTML 结构的 Web 信息提取方法也称为基于文档对象模型 DOM 的信息提取方法，它主要是根据 Web 页面结构来定位信息。在信息提取前，通过解析器将 Web 文档解析成语法树，即 DOM 树，然后再通过自动或半自动的方式产生提取规则，将 Web 信息转化为对语法树的操作实现信息提取。

基于 HTML 结构的 Web 信息提取方法是目前研究最多、发展最好的一种 Web 信息提取方法。虽然基于知识工程的提取方法性能很好，但它的提取规则通常都是由手工创建，而且这个过程很费时，还需要合适的领域专家的指导，适应性相对较差。

如今的网页大多数是数据密集型网页。针对数据密集型页，Web 信息提取的研究逐步转向为从动态页面中识别有用信息，往往采用数据填

充模板的方法，即对于数据库中同一表的记录，用同一个模板生成文档
或文档中的一个记录。对于这些 Web 页面，内部的结构相似度很高。基
于 HTML 结构的 Web 信息提取方法方法就是利用数据密集型网页的这一
特性，根据页面结构来生成提取规则，从而实现对页面信息的提取。

近年来人们进行了大量的相关研究工作，并取得了许多重要的研究
成果。

Crescenzi 等提出利用自有联合的正则表达式来标识网页的模式，并
根据该算法实现了一个自动生成 Wrapper 的系统 RoadRunner。Arasu 和
Garcla-Molina 提出一个多项式时间复杂度的解决方案。它采用了词频统
计和 DOM 路径相结合的方法，能够处理可选和不确定个数子节点的情
况。但该方法对正文内容较多的页面效果较差。Reis 等在分析网页 DOM
结构的基础上，提出利用树的编辑距离进行自动提取新闻网页的算法。
Liu 等提出利用树的局部调整算法来提取 Web 页面信息。Kim 等在此基
础上改进了节点匹配权重，根据内容在 Web 页面上所占面积，设置其对
应的匹配权重。Ahonen-Myka 和 Beif 等基于 HTML 标签频率聚类算法生
成文本提取模板。GuPta 等通过利用 Web 页面的标签树结构提取规则。
该方法需要对整个 Web 页面进行处理，时间复杂度较高，而且没有进行
噪声处理。

第三节　　面临的挑战

近年来，随着互联网在我国迅速发展，Web 资源建设取得了一些成
果。中国互联网信息中心发布的《中国互联网络发展状况统计报告》表
明，我国现有网站数量达到 84.3 万个，并以年均 15 万个的速度增长。
我国网页数量达到 44.7 亿个，网页字节数达到 122 306GB。这表明，我
国 Web 资源大幅增长，网上信息不断丰富，但在发展过程中仍面临一些
难题需要解决[76]。

（一）网络基础设施建设已经有一定发展，但网络环境差强人意

随着四大网络建成和投入使用，互联网对于人们已不再陌生，网络
已走进千家万户，成为现代生活必不可少获取信息的工具。Web 资源的
利用要实现若干数字化信息资源之间数据的频繁交换，并满足大量用户
的远程访问和检索，高速网络必不可少。同时，Web 资源的表现形式越

来越丰富，除文字外，图像、声音等多媒体信息也成为信息资源的重要组成部分，而这些形式的信息资源的检索和传播，必须依赖高速的传输网络。目前，我国通信主干线路带宽较窄，信息传递过慢，尤其是在传输多媒体数据时拥堵现象较为严重。这种网络环境严重制约我国 Web 资源的建设和发展。

（二）Web 资源建设有一定发展，但高质量的数字化资源仍缺乏

目前，高校图书馆、科研单位的信息中心等是我国 Web 资源建设的主体，他们主要服务于科研活动，而真正的商业信息所占比例较小。实际上，建立一个海量存储、覆盖面广、共建共享的 Web 资源系统，仅靠一个政府部门、公共图书馆和高校图书馆以及科技单位是不够的。单个图书馆能够提供的数字化信息资源是有限的，并且在数字化技术方面也相当薄弱，面对越来越多的 Web 资源用户，这样的状况显然不能满足要求。

（三）Web 资源存储无统一标准

目前，我国 Web 资源建设与共享缺乏统一的标准，各 Web 资源建设单位自主选择数字化信息资源开发与利用标准，现状比较混乱。不仅用户检索界面、检索语言和管理系统等方面存在较大差异，而且大量的数据库和电子出版物的数据结构、应用系统本身也互不兼容。

（四）不同图书馆之间重复建设、馆内重复劳动严重

由于缺乏政策权威部分的分工协调，加上我国文献信息数字化建设尚处于起步阶段缺乏经验，Web 资源建设现状令人担忧。各信息资源单位各自为政、贪大求全、相对分散且信息资源大量重复。在对收入《中国数据库大全》中的 1028 个文摘、索引、专题数据库中调查发现，工科数据库重复率约占 27%，社科类数据库的重复率约占 42%。此类重复建设严重影响了我国 Web 资源建设的质量和发展规模。此外，在数字化浪潮的席卷下，许多图书馆是在仓忙中进行数字化建设的，并没能准确把握数字化发展前景，因而建设系统所选用的标准不够权威，导致本身与其他系统的兼容性、交流性差，难以实现共享。

（五）Web 资源建设地区分布不平衡

由于我国政治经济发展不平衡，虽然国家有整体信息资源建设规划，但各地政府对本地信息资源建设的财政投入差距较大，中心城市和地区的信息资源建设更加合理，信息资源更加丰富；而经济不发达地区的信息资源建设还处于很落后的状态。

总而言之，Web 资源建设涉及政府、科研部门、公司、用户等众多方面，只有各方面积极配合，才能解决上述问题，Web 资源建设才能顺利进行。

第四节　部分技术难题及研究思路

一、部分技术难题

1）个性化信息服务能力问题。信息检索技术是解决海量 Web 资源与用户需求矛盾的有效手段。然而，目前主流的信息检索系统主要提供"被动式"的信息服务，即不同用户在同一检索系统中输入相同检索词输出相同的结果。但实际应用中，这种检索方式无法体现用户需求的个性化特征。个性化包含两层含义：一是了解用户的个性化需求，并对这些需求给出清晰的描述；二是提供的内容要可用，同时又体现出个人的倾向。为了提高传统信息检索系统的个性化服务能力，用户兴趣建模、个性化信息检索、个性化推荐等技术先后出现。用户兴趣模型针对用户兴趣偏好、兴趣内容特征的进行描述和表达，用户兴趣建模是提供个性化信息服务的关键，用户兴趣模型依赖于用户行为数据的分析；在用户兴趣模型基础上，个性化信息检索系统根据获得的信息调整服务的内容，以便适应不同用户的个性化需求。个性化推荐是一种"主动式"信息服务模式，它根据用户的个体属性、行为习惯和兴趣偏好向用户推荐其感兴趣的资源。目前，在海量 Web 资源环境下，如何充分挖掘用户兴趣，并为用户提供个性化信息服务成为学界和工业界共同关注的核心问题。

2）传统数据挖掘方法的效率问题。数据挖掘方法包括特征降维、智能分类、聚类分析等三个方面。传统的数据挖掘方法往往受制于其固有的一些不足，因而工作效率有限。特别是，随着大数据时代的到来，众多数据挖掘方法由于时间复杂度过高而无法正常工作。鉴于此，是否能提出适用于海量数据的新方法或者提高传统数据挖掘方法的适用范围成为数据挖掘领域研究的热点问题。

3）Web 页面链接分析问题。链接分析在网络信息组织、检索、评价、服务等方面起着重要作用。为了进一步提高链接分析的效率，笔者从理论研究和应用研究两方面进行探讨，力求为链接分析法的进一步发展开拓新的思路。

二、研究思路

本成果针对 Web 资源开发与利用面临的主要难题，围绕数据挖掘优化方法、个性化信息服务能力以及 Web 页面链接分析等三方面内容展开研究，研究思路如下。

1）在数据挖掘优化方法研究方面，针对传统数据挖掘方法面临的不足，提出一系列优化方法，以实现提高数据挖掘效率的目的。详见本成果第二、三章；

2）在个性化信息服务方面，重点研究三方面的内容：① Web 环境下用户行为分析。在分析用户行为数据来源以及用户行为分析技术的基础上，开展多标记用户分析系统构建以及面向大规模信息的用户分类系统构建方面的应用研究。②Web 资源个性化推荐方法在深入分析国内外研究现状的基础上，探讨基于兴趣图谱的 Web 学习资源推荐方法以及基于情境感知的个性化推荐方法。③ 基于 Web 的智能搜索引擎，主要探讨用户建模与个性化搜索引擎以及跨媒体检索技术；详见本成果第四、五、六章；

3）在 Web 页面超链分析方面，从理论和应用两方面深入分析链接的研究进展，并对基于链接分析算法的页面分类系统构建方法展开研究。详见本成果第七章。

第二章　特征降维优化方法研究

特征降维是数据挖掘领域对高维数据分析的重要预处理步骤之一。在信息时代的科学研究中，不可避免地会遇到大量的高维数据，如人脸检测与识别、文本分类和微阵列数据基因选择等。在实际应用中，为了避免所谓的"维数灾难"问题，根据某些性质，将高维数据表示的观测点模拟成低维空间中的数据点，这一过程即为降维过程。总的来说，降维的目的是在保留数据的大部分内在信息的同时，将高维空间的数据样本嵌入到一个相对低维的空间。经过适当的降维后，诸如可视化、分类等工作可以在低维空间中方便地实现。

目前，降维方法得到业界的广泛关注并取得了众多卓有成效的研究成果。其中，线性判别分析法（linear discriminant analysis，LDA）和保局投影（locality preserving projection，LPP）算法分别是线性降维和非线性降维的典型方法，它们在实际应用中均取得了较好的效果，但仍面临一些挑战：LDA 面临两大问题：小样本问题和秩限制问题；LPP 在特征降维时仅关注数据的局部特征，往往忽略全局特征，因而降维效率有限。鉴于此，本章针对上述降维方法的不足展开研究，研究内容包括两部分：①LDA 优化方法研究；②融合全局特征和局部特征的降维方法研究。

本章第一节对线性判别分析及其面临的两大问题进行探讨；第二节至第四节分别利用多阶矩阵组合、标量化方法以及矩阵指数等数学知识对线性判别分析的优化方法展开研究；第五节在保局投影算法的基础上对融合全局特征和局部特征的降维方法进行研究并提出流形判别分析算法。

第一节　线性判别分析及其面临的两大问题

一、线性判别分析

线性判别分析从高维特征空间中提取最具有鉴别能力的低维特征，使得在低维空间里不同类别的样本尽量分开，同时每个类内部样本尽量密集[77]。

设有 d 维样本 $\boldsymbol{X} = [x_1, \ x_2, \ \cdots, \ x_N] \in \boldsymbol{R}^{n \times N}$，其中 $x_i(i = 1, \ \cdots, \ N)$ $\in \boldsymbol{R}^n$ 表示第 i 个样本，N 表示样本总数。设 $x_i = [x_{i1}, \ x_{i2}, \ \cdots, \ x_{iN_i}]$ 是一个 $n \times N_i$ 的矩阵，每个列向量表示第 i 类的一个 n 维样本。其中 $x_{ij} \in \boldsymbol{R}^n(i = 1, \ \cdots, \ c; \ j = 1, \ \cdots, \ N_i)$ 表示第 i 类中的第 j 个样本，N_i 表示第 i 类样本个数，c 表示样本类别总数。则所有样本的均值 $\bar{x} = \dfrac{1}{N} \sum\limits_{i=1}^{N} x_i$；设第 i 类的样本均值为 $\bar{x}_i(i = 1, \ \cdots, \ c)$，则有 $\bar{x} = \sum\limits_{i=1}^{c} \dfrac{N_i}{N} \bar{x}_i$。

Fisher 准则函数定义如下：

$$J(\boldsymbol{W}_{opt}) = \max_{W} \frac{\boldsymbol{W}^T \boldsymbol{S}_B \boldsymbol{W}}{\boldsymbol{W}^T \boldsymbol{S}_W \boldsymbol{W}} \tag{2.1.1}$$

其中类间离散度矩阵 $\boldsymbol{S}_B$ 和类内离散度矩阵 $\boldsymbol{S}_W$ 分别定义为

$$\boldsymbol{S}_B = \sum_{i=1}^{c} \frac{N_i}{N} (\bar{x}_i - \bar{x})(\bar{x}_i - \bar{x})^T$$

$$\boldsymbol{S}_W = \sum_{i=1}^{c} \sum_{j=1}^{N_i} \frac{1}{N}(x_{ij} - \bar{x}_i)(x_{ij} - \bar{x}_i)^T$$

由线性代数理论不难发现 $\boldsymbol{W}_{opt}$ 满足等式：

$$\boldsymbol{S}_B \boldsymbol{W} = \lambda \boldsymbol{S}_W \boldsymbol{W}$$

的解。

二、LDA 面临的两大问题

（一）秩限制问题

下面考察类间离散度矩阵 $\boldsymbol{S}_B$ 的秩，由前面定义有

$$\boldsymbol{S}_B = \sum_{i=1}^{c} \frac{N_i}{N}(\bar{x}_i - \bar{x})(\bar{x}_i - \bar{x})^T$$

$$= \frac{1}{N}[N_1(\bar{x}_1 - \bar{x}), \ \cdots, \ N_c(\bar{x}_c - \bar{x})][N_1(\bar{x}_1 - \bar{x}), \ \cdots, \ N_c(\bar{x}_c - \bar{x})]^T$$

则类间里离散度矩阵 $\boldsymbol{S}_B$ 的秩为：

$$rank(\boldsymbol{S}_B) \leqslant rank([N_1(\bar{x}_1 - \bar{x}), \ \cdots, \ N_c(\bar{x}_c - \bar{x})]) \leqslant c - 1$$

$$\tag{2.1.2}$$

（2.1.2）式表明 LDA 最多只能求 $c-1$ 个非零特征向量，即 LDA 至多只能求 $c-1$ 个判别方向，从而限制了更多判别信息的获得，进而造成分类性能的局限，这就是所谓的秩限制问题。

(二) 小样本问题

当样本总数大于样本维数时, 类内离散度矩阵 S_w 通常非奇异; 否则 S_w 是奇异的, 此种情况称为小样本问题。

为了解决上述问题, 近几年提出很多方法: PCA+LDA 两步策略[78]: 先用 PCA 进行降维, 获得原样本的最优特征表示子空间, 并保证类内离散度矩阵非奇异, 然后在此基础上做线性判别分析。该方法的问题在于 PCA 在降维的同时也失去很多帮助判别的有用信息; Hong 等提出的扰动法 (regularized discriminant analysis, RDA)[79]: 当类内离散度矩阵奇异时, 通过增加一个小的扰动 Δ, 使得扰动后的类内离散度矩阵变为非奇异。该方法的缺点是扰动参数的选取是件困难的事情, 其次得到的是近似最优鉴别向量集; Chen 等提出的零空间法只能提取类内离散度矩阵零空间中的信息[80]; Yang 等提出的 DLDA (direct LDA) 方法则间接丢失了类内离散度矩阵零空间中的信息[81]。此外还有 2D- LDA (two-dimensional LDA)、OLDA (orthogonal LDA)、MSD (maximum scatter difference discriminant criterion) 等。

为了进一步提高 LDA 的降维效率, 本章提出一系列 LDA 的优化算法: ①基于多阶矩阵组合的 LDA 算法 (modified linear discriminant analysis based on linear combination of k- order matrices, MLDA) 引入多阶矩阵组合的概念, 有效地解决了传统 LDA 由于类内离散度矩阵奇异而无法求解的问题[82]; ②标量化的线性判别分析算法 (scalarized linear discriminant analysis, SLDA) 从标量角度重新定义样本类内离散度和类间离散度, 有效地提高了运算效率[83]; ③基于矩阵指数的线性判别分析算法 (matrix exponential linear discriminant analysis, MELDA) 能同时提取类内离散度矩阵零空间和非零空间中的信息[84]。此外, 针对 LPP 面临的降维效率有限的问题, 提出融合全局特征和局部特征的降维方法——流形判别分析[85]。

第二节　基于多阶矩阵组合的线性判别分析算法

一、算法描述

传统 LDA 面临小样本问题时, 样本类内离散度矩阵 S_w 奇异。根据线性几何理论，存在这样的向量 W 使得 $W^T S_w W = 0$ 且 $W^T S_B W \neq 0$。如果两式同时满足，则 Fisher 准则函数值无穷大。在 $W^T S_w W = 0$ 条件下，计算满足 $W^T S_w W = 0$ 的低维空间。若该空间不存在，说明类间离散度矩阵非奇异，则可用传统 LDA 求最佳投影方向；否则，在样本类内离散度的零空间里，寻找使得类间离散度最大的投影方向。为了提取类内离散度矩阵 S_w 零空间中的鉴别信息，提出基于多阶矩阵组合的 LDA 算法 MLDA。该方法将传统 LDA 中的类内离散度矩阵 S_w 替换为 S_w 多次点乘方的线性组合，有效地解决了传统 LDA 由于 S_w 奇异而无法求解的问题。

基于以上分析，传统 LDA 中的类内离散度矩阵 S_w 重新定义为

$$S_w^* = \lambda_1 S_w + \lambda_2 S_w.\hat{}2 + \lambda_3 S_w.\hat{}3 + \cdots \tag{2.2.1}$$

参数 λ_i（$i = 1, 2, \cdots$）为常数，反映了各次点乘方对 S_w^* 的贡献大小，它们的取值直接影响特征识别的效果。

Fisher 准则重新定义为

$$J(W_{opt}) = \max_W \frac{W^T S_B W}{W^T S_w^* W} \tag{2.2.2}$$

设传统 LDA 中类内离散度矩阵为 S_w 为 n 行 m 列矩阵。在小样本情况下，S_w 的秩 $rank(S_w) < n$ 即 S_w 非满秩。

一般情况下，S_w 第 i 行 L_i（$i = 1, 2, \cdots, n$）的元素不全相同。设当 S_w 非满秩时，S_w 的第 i 行 L_i 与 L_j（$i, j = 1, 2, \cdots, n$ 且 $i \neq j$）线性相关，可表示为

$$L_i = kL_j（k \text{ 为常数}） \tag{2.2.3}$$

（2.2.3）式两边分别点乘 p 次方（即 L_i 和 L_j 中的每个元素分别自乘 p 次方）运算后得：

$$L_i.\hat{}p \neq kL_j.\hat{}p（p = 2, 3, \cdots）$$

此时 S_w 的第 i 行 L_i 与第 j 行 L_j 线性无关。

此外，S_w 中任意不相关的两行分别点乘 p 次方运算后仍不相关。

综上，$S_w.\hat{}p$（$p = 2, 3, \cdots$）的秩 $rank(S_w.\hat{}p)$ 可达到最大值 n。由（2.2.1）式得：$rank(S_w^*)$ 也可达到最大值 n。

这样从理论上证明了 MLDA 在小样本情况下的有效性：不仅避免了传统 LDA 中由于 S_w 奇异而无法求解的不足，而且解决了传统 LDA 秩限制问题。

二、实验分析

分别在 ORL、Yale 以及 YaleB&YaleB Extended 三个人脸数据库上

进行模拟仿真实验。通过与 PCA+LDA 方法对比，验证 MLDA 的有效性。

（一）ORL 人脸数据库

Olivetti-Oracle Research Lab （ORL）人脸数据库是由 40 个人每人 10 幅共 40 幅图像组成，图像是在黑色背景下摄制，光照条件基本不变，但头像的大小（±10%）、视角（转动、倾斜最大±20°）、表情（眼睛睁/闭、笑/非笑）和饰物（戴/不戴眼镜）有变化，原始图像大小为 112×92 像素，252 灰度级（图 2.1）。

图 2.1　ORL 人脸数据库部分人脸图像

实验 1：依次取（2.2.1）式前 k（k=2，3，…）项的线性组合作为实验对象，考察识别率的变化情况

首先选取（2.2.1）式 S_w^* 前两项的线性组合 $\lambda_1 S_w + \lambda_2 S_w.\hat{~} 2$ 作为考察对象。

选取每人前 5 幅照片作为训练样本，剩下的 5 幅照片作为测试样本。当特征维数为 39 时，考察参数 λ_1 和 λ_2 与识别率的关系。表 2.1 表明了当 $\lambda_1 = 1$ 时，参数 λ_2 与识别率的关系。

表 2.1　识别率与参数 λ_2 的关系（ORL）

λ_2	0.1	0.5	1	5	10	50	100
识别率	0.905	0.905	0.905	0.910	0.910	0.910	0.910

由表 2.1 看出，参数 λ_1 和 λ_2 的取值与识别率关系不大。当 $\lambda_2 = 0$ 时，S_w^* 等价于传统 LDA 中的 S_w，此时传统 LDA 因 S_w 奇异而无法求解，因此 $\lambda_2 \neq 0$。特别地，令 $\lambda_1 = 1$ 且 $\lambda_2 = 0.5$。

当选取（2.2.1）式 S_w^* 前三项的线性组合 $\lambda_1 S_w + \lambda_2 S_w.\hat{~} 2 + \lambda_3 S_w.\hat{~} 3$ 作为考察对象时，在 $\lambda_1 = 1$ 且 $\lambda_2 = 0.5$ 情况下，参数 λ_3 与识别率的关系如表 2.2 所示。

表 2.2　识别率与参数 λ_3 的关系（ORL）

λ_3	0	0.1	0.5	1	5	10	50	100
识别率	0.905	0.905	0.905	0.905	0.905	0.905	0.905	0.910

　　由表 2.2 可知：参数 λ_3 的取值与识别率关系不大。为了方便起见，特别地令 $\lambda_3 = 0$。

　　同理可得：（2.2.1）式中其他各项的参数 λ_k（$k = 4，5，6，\cdots$）均对识别率影响不大，因此令 λ_k（$k = 4，5，6，\cdots$）$= 0$。

　　上述确定 S_W^* 各次点乘方参数 λ_k（$k = 1，2，3，\cdots$）的方法称为多阶矩阵参数确定法。

　　实验 2：考察识别率与训练样本数之间的关系

　　分别选取每人前 k（$k = 3，4，5，6，7$）幅照片作为训练样本，剩下的照片作为测试样本。当特征维数为 39 时，识别率的变化情况如表 2.3 所示。

表 2.3　识别率与训练样本数的关系（ORL）

算法	3 Train	4 Train	5 Train	6 Train	7 Train	8 Train
PCA+LDA	0.842	0.925	0.920	0.956	0.950	0.975
MLDA	0.807	0.888	0.905	0.913	0.942	0.950

　　实验 3：考察识别率与特征维数之间的关系

　　当分别选取 ORL 中每人前 3、5、8 幅照片作为训练样本时，识别率与特征维数之间的关系如图 2.2 所示。

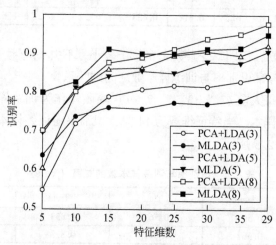

图 2.2　识别率与特征维数的关系（ORL）

由图 2.2 可以看出，MLDA 的人脸识别率保持在较高的水平上。与 PCA+LDA 相比，两者各有利弊。随着特征维数的增加，两者的识别率基本上随之增长。

（二）Yale 人脸数据库

Yale 人脸数据库由耶鲁计算机视觉和控制中心创建。其中包括 15 个人的 165 张灰度照片。图片中涉及了不同的光照条件（左光源、中光源、右光源等）、不同的面部表情（正常、高兴、悲哀、睡意和眨眼等）和是否佩戴眼镜（图 2.3）。

图 2.3　　Yale 人脸数据库部分人脸图像

实验 1：确定（2.2.1）式中参数 λ_1、λ_2、λ_3

由多阶矩阵参数确定法可知：选取 S_w^* 前三项的线性组合 $\lambda_1 S_w + \lambda_2 S_w .^2 + \lambda_3 S_w .^3$ 作为考察对象较为合理。利用类似于实验 1 的实验方法发现参数 λ_1 和 λ_2 的取值与识别率关系不大，则令 $\lambda_1 = 1$ 且 $\lambda_2 = 0.5$。选取每人前 5 幅照片作为训练样本，剩下的 6 幅照片作为测试样本。当特征维数为 14 时，参数 λ_3 与识别率的关系如表 2.4 所示。

表 2.4　识别率与参数 λ_3 的关系（Yale）

λ_3	0	0.1	0.5	1	5	10	50	100
识别率	0.611	0.622	0.611	0.633	0.652	0.652	0.622	0.622

由上表可知，识别率受参数 λ_3 的影响较小。不失一般性，令 $\lambda_3 = 0.1$。

实验 2：考察识别率与训练样本数之间的关系

分别选取每人前 k（$k = 3$，5，7，9）幅照片作为训练样本，剩下的照片作为测试样本。当特征维数为 14 时，识别率随训练样本数变化而变化的情况如表 2.5 所示。

表 2.5　识别率与训练样本数的关系（Yale）

算法	3 Train	5 Train	7 Train	9 Train
PCA+LDA	0.567	0.767	0.833	0.767
MLDA	0.567	0.611	0.833	0.900

实验3：考察识别率与特征维数之间的关系

当分别选取 Yale 中每人前5、7、9 幅照片作为训练样本时，识别率与特征维数之间的关系如图2.4 所示。

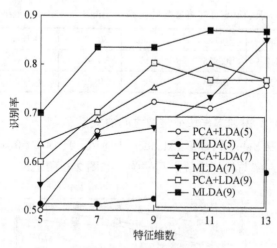

图2.4　识别率与特征维数的关系（Yale）

由图2.4 不难看出，训练样本数较少（如取每人前5 幅照片作为训练样本）时，PCA+LDA 的识别率高于MLDA；而训练样本较多时（如取每人前9 幅照片作为训练样本）时，MLDA 的识别率明显高于 PCA+LDA。

（三）YaleB & YaleB Extended 人脸数据库

YaleB 人脸数据库包括了 10 个人的 5760 单光源照片，每个人有 9 种姿态，每种姿态有 64 种照片条件，共 576 张图片。YaleB Extended 数据库中包括了 28 个人的 9 种姿态和 24 种光照条件下的共 16128 张图片（图2.5）。

图2.5　YaleB&YaleB Extended 人脸数据库部分人脸图像

由多阶矩阵参数确定法可知：选取 S_w^* 前三项的线性组合 $\lambda_1 S_w + \lambda_2 S_w \cdot {}^2 + \lambda_3 S_w \cdot {}^3$ 作为考察对象较为合理，且实验参数 $\lambda_1 = 1$，$\lambda_2 = 0.5$，$\lambda_3 = 0.1$。

实验1：考察识别率与训练样本数之间的关系

在 YaleB&YaleB Extended 人脸库中随机选取每人的 30 张照片作为训练样本，剩下的照片作为测试样本。当特征维数为 37 时，识别率随训练样本数变化而变化的情况如表 2.6 所示。

表 2.6　识别率与训练样本数的关系（YaleB & YaleB Extended）

算法	5 Train	10 Train	20 Train	30 Train	40 Train	50 Train
PCA+LDA	0.842	0.925	0.920	0.952	0.950	0.975
MLDA	0.807	0.888	0.905	0.913	0.942	0.950

实验 2：考察识别率与特征维数之间的关系

当分别选取 YaleB&YaleB Extended 中每人 10、30、50 幅照片作为训练样本时，识别率与特征维数之间的关系如图 2.6 所示。

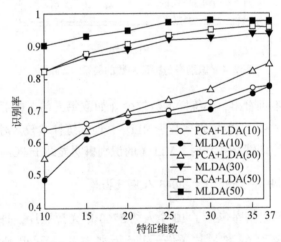

图 2.6　识别率与特征维数的关系（YaleB& YaleB Extended）

由图 2.6 可以看出，训练样本较少（如取每人的 10 张照片作为训练样本）时，MLDA 与 PCA+LDA 的识别率基本相当；而训练样本较多（如取每人的 30 张照片作为训练样本）时，MLDA 的识别率明显高于 PCA+LDA。

综上所述，MLDA 在大多情况下，特别是训练样本较多时，能达到很高的识别率。在解决实际问题时，根据训练样本规模，适当选择 MLDA 和 PCA+LDA 能得到很好地识别效果。

此外，$rank(S_W^*)$ 不受样本类别数的限制。分别取 ORL 的前 5 幅照片、Yale 的前 7 幅照片以及 YaleB&YaleB Extended 的任意 30 幅照片作为训练样本，高维情况下识别率与特征维数的关系如图 2.7 所示。

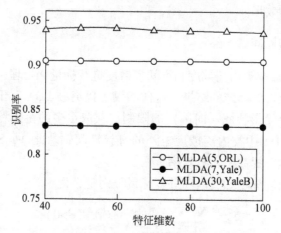

图 2.7 高维情况下识别率与特征维数的关系

由图 2.7 可知：在高维情况下，MLDA 突破样本类别数的限制，并使识别率保持在较高的水平上。

第三节 标量化的线性判别分析算法

标量化的线性判别分析算法 SLDA 的优势在于它将 LDA 的矢量运算变为标量运算，计算效率进一步提升。如图 2.8 所示，在解决实际问题时，SLDA 和其他 LDA 改进算法共同作用可得到理想结果：当提取小于等于 $c-1$ 维最优鉴别向量时，其他 LDA 改进算法和 SLDA 同时对该问题

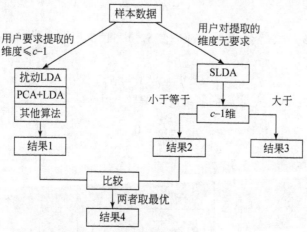

图 2.8 SLDA 与其他 LDA 改进算法共同作用示意图

求解，结果取两解之最优；当提取大于 $c-1$ 维最优鉴别向量时，SLDA 能达到较理想的效果。

一、算法描述

SLDA 对样本类内离散度和类间离散度进行标量化处理，通过求解样本各维的权值得到降维的结果。这样不仅可以突破 LDA 对于 c 类问题只能利用 $c-1$ 个投影特征（向量）的限制，获取更多的鉴别特征，而且有效地解决了 LDA 中类内离散度矩阵的奇异性问题。此外，SLDA 有效地降低了运算量，提高了运算效率。

类间离散度标量和类内离散度标量分别定义为

$$S_B^\beta = \sum_{i=1}^c \sum_{k=1}^d \frac{N_i}{N} (\bar{x}_i^k - \bar{x}^k)^\beta \ (\beta>0) \tag{2.3.1}$$

$$S_W^\alpha = \sum_{i=1}^c \sum_{j=1}^{N_i} \sum_{k=1}^d \frac{1}{N} (x_{ij}^k - \bar{x}_i^k)^\alpha \ (\alpha>0 \ 且 \ \alpha\neq2) \tag{2.3.2}$$

其中 k 表示样本空间的维度。

（2.3.1）式和（2.3.2）式分别进行加权处理后得：

$$^\omega S_B^\beta = \sum_{i=1}^c \sum_{k=1}^d \frac{N_i}{N} w_k^\beta (\bar{x}_i^k - \bar{x}^k)^\beta \tag{2.3.3}$$

$$^\omega S_W^\alpha = \sum_{i=1}^c \sum_{j=1}^{N_i} \sum_{k=1}^d \frac{1}{N} w_k^\alpha (x_{ij}^k - \bar{x}_i^k)^\alpha \tag{2.3.4}$$

其中 w_k（$k=1, 2, \cdots, d$）为样本空间各维的权重。SLDA 的主要工作就是求 w_k。

由 Fisher 准则得：

$$y = \max \frac{^\omega S_B^\beta}{^\omega S_W^\alpha} \tag{2.3.5}$$

（2.3.5）式等价于 $y = \max (^\omega S_B{}^\beta)$ 且 $^\omega S_W^\alpha = 1$，由 Lagrange 乘子法得：

$$y = {}^\omega S_B^\beta + \lambda (1 - {}^\omega S_W^\alpha) \tag{2.3.6}$$

将（2.3.6）式对 w_k 的各维度求偏导，并令：

$$\frac{\partial y}{\partial w_k} = 0 \tag{2.3.7}$$

可求得：

$$w_k = \left[\frac{\beta \sum_{i=1}^c N_i (\bar{x}_i^k - \bar{x}^k)^\beta}{\lambda \alpha \sum_{i=1}^c \sum_{j=1}^{N_i} (x_{ij}^k - \bar{x}_i^k)^\alpha} \right]^{\frac{1}{\alpha-\beta}} \tag{2.3.8}$$

由于 $^{\omega}S_W{}^{\alpha}=1$，由（2.3.4）式得：

$$\lambda = \left(\frac{1}{N}\right)^{\frac{\alpha-2}{\alpha}} \left[\sum_{k=1}^{d} \left(\frac{2\sum_{i=1}^{c} N_i\,(\bar{x}_i^k - \bar{x}^k)^{\beta}}{\alpha \sum_{i=1}^{c}\sum_{j=1}^{N_i}(x_{ij}^k - \bar{x}_i^k)^{\beta}}\right)^{\frac{\alpha-2}{\alpha-2}}\right]^{\frac{\alpha-2}{\alpha}} \tag{2.3.9}$$

将（2.3.9）式带入（2.3.8）式，并去掉常数项得：

$$w_k = \left\{\frac{\sum_{i=1}^{c} N_i\,(\bar{x}_i^k - \bar{x}^k)^{\beta}}{\left[\sum_{k=1}^{d}\left(\sum_{i=1}^{c} N_i(\bar{x}_i^k - \bar{x}^k)^{\beta} \Big/ \sum_{i=1}^{c}\sum_{j=1}^{N_i}(x_{ij}^k - \bar{x}_k^k)^{\beta}\right)^{\frac{\alpha}{\alpha\beta}}\right]^{\frac{\alpha\beta}{\alpha}}\left[\sum_{i=1}^{c}\sum_{j=1}^{N_i}(x_{ij}^k - \bar{x}_i^k)^{\alpha}\right]}\right\}^{\frac{1}{\alpha-\beta}} \tag{2.3.10}$$

这样就得到样本空间各维的权重。在实际应用中，根据需要选取若干权重较大维度对应的向量（集）作为降维后新的样本空间。

二、实验分析

为验证 SLDA 的有效性，分别在小样本情况和大样本情况下对算法进行测试。在小样本情况下，采用了标准人脸数据库进行实验；在大样本情况下，采用三类人工数据集进行实验。

（一）小样本实验

实验数据集采用 ORL 人脸数据库，并在特征提取之后采用最近邻分类器。最近邻分类器根据某种距离准则比较未知测试样本与已知样本之间的距离，决策测试样本与离它最近样本同类。

实验步骤如下：

Step1：根据一定规则将人脸数据库中的样本分为训练样本和测试样本；

Step2：用 SLDA 对训练样本进行投影，得到最佳投影方向；

Step3：将测试样本投影到最佳投影方向上；

Step4：将投影后的测试样本通过最近邻分类器与训练样本进行特征识别，得到识别结果。

1. 确定 SLDA 中参数 α、β 的取值

（1）确定参数 α

参数 α、β 直接影响 SLDA 的识别效率，因此两参数的取值至关重要。实验的目的是选取一组 α、β 值，使得在当前实验条件下，算法的识

别率最高。

不失一般性，在 $\beta=2$ 的情况下，求出 α 的取值及识别率最高时的特征维数。选取 ORL 中每人前 5 幅图像作为训练样本，剩下的 5 幅图像作为测试样本。通过大量实验，得到识别率与参数 α 的关系如图 2.9 所示。

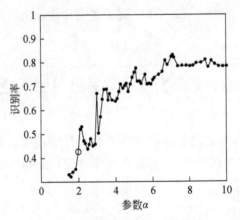

图 2.9　识别率与参数 α 的关系

由图 2.9 可以看出：参数 α 对算法性能的影响较大。当 $\alpha=2$ 时，识别率无法求解；当 $\alpha<2$ 时，识别率不高；当 $\alpha>2$ 时，识别率随 α 的增大而呈现上升趋势；当 $\alpha=7.01$ 时，SLDA 达到最大的识别率 84.5%。

（2）特征维数对识别率的影响

图 2.10 表明识别率与特征维数的关系。

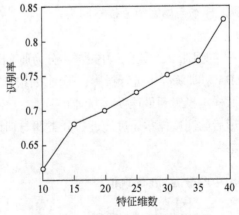

图 2.10　识别率与特征维数的关系

由图 2.10 可以看出：特征维数达到 15 以后，SLDA 的识别率一直保持较高的范围内；当特征维数为 39 时，达到最高识别率。

（3）确定参数 β

在 $\alpha=7.01$ 且特征维数为 39 的情况下，经过大量实验得到识别率与参数 β 的关系，实验结果如图 2.11。

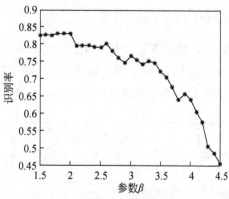

图 2.11　识别率与参数 β 的关系

由图 2.11 可以看出：随着参数 β 取值的增大，SLDA 的识别率呈下降趋势。在 $\beta=1.8$ 处，算法达到最高识别率。

由上述实验可知：当参数 $\alpha=7.01$、$\beta=1.8$ 时，SLDA 的识别率最高。

2. 训练样本数对 SLDA 识别率的影响

将 ORL 人脸库中每个人的前 k 幅图像作为训练样本，剩下的图像作为测试样本。本实验特征维数为 39，k 分别取 3、4、5、6、7。图 2.12 表明识别率与训练样本数量的关系。

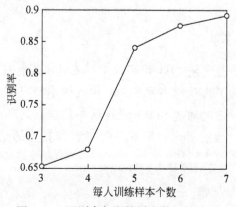

图 2.12　识别率与训练样本数量的关系

由图 2.12 可以看出：随着训练样本数量的增加，识别率不断提高。在大多数情况下，识别率在可接受的范围内。由于 ORL 人脸数据库是一种小样本数据集，传统 LDA 无法求解。因此相对于传统 LDA 而言，SLDA 的适用性更强。

3. 特征维数与 SLDA 识别率的关系

在 $\alpha=7.01$、$\beta=1.8$ 情况下，选取 ORL 人脸库中每个人的前 5 幅图像作为训练样本，剩下的图像作为测试样本。当特征维数在 10 ~ 100 变化时，算法识别率的变化情况如图 2.13 所示。

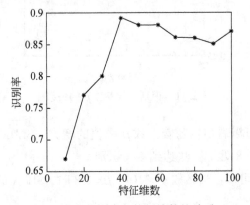

图 2.13　识别率与特征维数的关系

图 2.13 表明 SLDA 可提取的鉴别特征远大于 $c-1$ 个。小样本情况下，传统 LDA 无法求解；即使在大样本情况下，传统 LDA 只能提取 $c-1$ 个鉴别特征。因此，SLDA 最大的优点在于解决了传统 LDA 存在的秩限制问题。

(二) 大样本实验

大样本情况下，传统 LDA 可提取出样本的本质特征；而 SLDA 亦可达到同样效果。为了直观地考察 SLDA 在大样本情况下的有效性，人为构造了一些数据，然后通过 SLDA 处理这些数据，处理后的结果为算法发现的特征方向。通过对比数据本身的特点和算法的结果，发现 SLDA 很好地发现数据的本质特征。

1. 二维人工数据集

图 2.14 (a) 中，样本点由符号"＊"表示，由符号"×"组成的

线段表示 SLDA 发现的主特征，它忽略了右上角的数据点；图 2.14（b）中数据的本质特征是两个几何圆形（由符号"∗"表示），用 SLDA 发现的主特征在竖直方向（投影点由符号"+"表示），这个方向的数据投影是完全分开的。

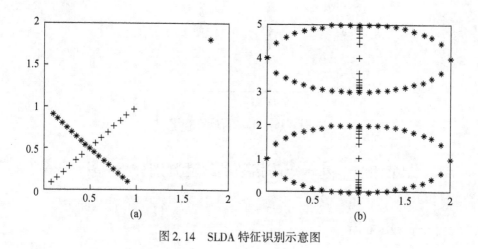

图 2.14 SLDA 特征识别示意图

2. 三维人工数据集

实验数据集如图 2.15 所示。

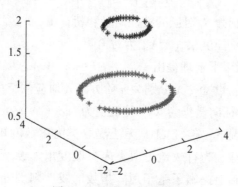

图 2.15 三维人工数据集

用 SLDA 对上述数据集进行降维后得到图 2.16。不难发现两类数据被明显分开，即 SLDA 能很好地发现数据的内在特征。

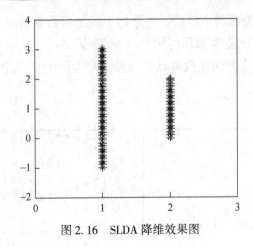

图 2.16　SLDA 降维效果图

第四节　基于矩阵指数的线性判别分析算法

一、算法描述

基于矩阵指数的线性判别分析算法 MELDA 的优势在于能同时提取类内离散度矩阵 S_W 零空间和非零空间中的信息。

传统 LDA 可表示为：

$$J(W_{opt}) = \max_W \frac{W^T S_B W}{W^T S_W W} = \max_W \frac{W^T (\Phi_B^T \Lambda_B \Phi_B) W}{W^T (\Phi_W^T \Lambda_W \Phi_W) W} \qquad (2.4.1)$$

其中 Φ_B、Λ_B 分别为 S_B 对应的特征向量和特征值，Φ_W、Λ_W 分别为 S_W 对应的特征向量和特征值，Λ_B、Λ_W 为对角阵。

MELDA 基于以下定理提出：

定理 $2.1^{[86]}$：设 Φ、Λ 分别为 n 阶方阵 A 对应的特征向量和特征值，则 exp (A) 的特征向量仍为 Φ，特征值为 exp（Λ）。

在小样本情况下，传统 LDA 无法提取类内离散度矩阵 S_W 对应特征值为 0 的鉴别特征。为有效地提取类内离散度矩阵 S_W 零空间中的信息，在定理 2.1 的基础上提出了基于矩阵指数的线性判别分析算法 MELDA。该算法将（2.4.1）式中的 Λ_B、Λ_W 分别替换为 $\exp(\Lambda_B)$、$\exp(\Lambda_W)$。则（2.4.1）式变为：

$$J(W_{opt}) = \max_W \frac{W^T (\Phi_B^T \exp(\Lambda_B) \Phi_B) W}{W^T (\Phi_W^T \exp(\Lambda_W) \Phi_W) W} = \max_W \frac{W^T \exp(S_B) W}{W^T \exp(S_W) W}$$

$$(2.4.2)$$

（2.4.2）式最佳投影方向可通过求解矩阵 $(\exp(S_W))^{-1}\exp(S_B)$ 的特征向量得到。

（2.4.2）式实际包含以下两种情况：

情况1：

$$J(W_{opt}) = \max_{W^T\exp(S_W)W = 1} W^T\exp(S_B)W \qquad (2.4.3)$$

（2.4.3）式中 $W^T\exp(S_W)W = 1$ 等价于传统 LDA 中 $W^TS_WW = 0$，在此情况下 MELDA 能有效地提取 S_W 零空间中的信息。

情况2：

$$J(W_{opt}) = \max_{W^T\exp(S_W)W > 1} W^T\exp(S_B)W \qquad (2.4.4)$$

（2.4.4）式中 $W^T\exp(S_W)W > 1$ 等价于传统 LDA 中 $W^TS_WW \neq 0$，在此情况下 MELDA 能有效地提取 S_W 非零空间中的信息。

MELDA 算法描述如下：

MELDA

输入数据：样本空间 X

输出数据：最佳鉴别方向 W

Step1：计算传统 LDA 中的类内离散度矩阵 S_W、类间离散度矩阵 S_B 以及 MELDA 中的类内离散度矩阵 $\exp(S_W)$、类间离散度矩阵 $\exp(S_B)$；

Step2：求解矩阵 $(\exp(S_W))^{-1}\exp(S_B)$ 对应的特征值和特征向量；

Step3：将特征值降序排列，前 k（$k=1,2,\cdots$）个特征值对应的特征向量组成的矩阵作为最佳鉴别方向 W。

二、实验分析

分别在 ORL、Yale、YaleB&YaleB Extended 等人脸数据库上对 MELDA 和几种常用算法进行比较实验，在特征提取后采用最近邻分类器。

（一）ORL 人脸数据库上的实验

1. 训练样本数对 PCA+LDA、RDA、MELDA 人脸识别率的影响

分别选取每人前 k（$k=3,4,5,6,7$）幅照片作为训练样本，剩下的照片作为测试样本。当特征维数为 39 时，PCA+LDA、RDA、MELDA 的识别率与训练样本数的关系如表2.7所示。

表 2.7　识别率与训练样本数的关系（ORL）

算法	3 Train	4 Train	5 Train	2 Train	7 Train
PCA+LDA	0.842	0.925	0.920	0.952	0.950
RDA	0.886	0.954	0.935	0.981	0.983
MELDA	0.764	0.871	0.895	0.906	0.942

由表 2.7 可以看出：训练样本数较少（如取每人前 3 幅照片作为训练样本）时，PCA+LDA、RDA 的识别率高于 MELDA；但随着训练样本数的增加，PCA+LDA、RDA、MELDA 三种算法的识别率呈上升趋势，并达到很好地识别效果。

2. 特征维数对 PCA+LDA、RDA、MELDA 人脸识别率的影响

当分别选取 ORL 中每人前 3、5、7 幅照片作为训练样本时，特征维数对 PCA+LDA、RDA、MELDA 识别率的影响如图 2.17 所示。

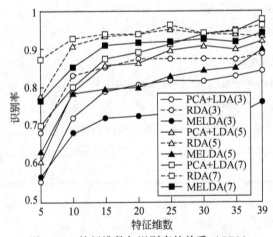

图 2.17　特征维数与识别率的关系（ORL）

由图 2.17 可知：随着特征维数的增加，PCA+LDA、RDA、MELDA 的识别率均呈上升趋势；随着训练样本数的增加，三者的识别率也上升。训练样本数较多（如取每人前 5 幅照片作为训练样本）时，三者的识别率均接近或达到 90%，可以很好地完成人脸识别的任务。

（二）Yale 人脸数据库上的实验

1. 训练样本数对 PCA+LDA、RDA、MELDA 人脸识别率的影响

分别选取每人前 3、5、7、9 幅照片作为训练样本，剩下的照片作为测试样本。当特征维数为 14 时，PCA+LDA、RDA、MELDA 的识别率与训练样本数的关系如表 2.8 所示。

表 2.8　识别率与训练样本数的关系（Yale）

算法	3 Train	5 Train	7 Train	9 Train
PCA+LDA	0.567	0.767	0.833	0.767
RDA	0.675	0.756	0.900	0.935
MELDA	0.575	0.600	0.817	0.833

由表 2.8 可知：在 Yale 人脸数据库上，RDA 的识别率高于 PCA+LDA 和 MELDA。当训练样本数较少（如取每人前 5 幅照片作为训练样本）时，PCA+LDA 的识别率高于 MELDA；但当训练样本较多（如取每人前 9 幅照片作为训练样本）时，MELDA 的识别率高于 PCA+LDA。

2. 特征维数对 PCA+LDA、RDA、MELDA 人脸识别率的影响

当分别选取 Yale 中每人前 5、7、9 幅照片作为训练样本时，特征维数对 PCA+LDA、RDA、MELDA 识别率的影响如图 2.18 所示。

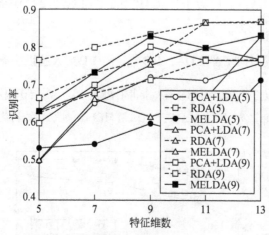

图 2.18　特征维数与识别率的关系（Yale）

由图 2.18 可知：随着特征维数的增加，PCA+LDA、RDA、MELDA 三种算法的识别率基本呈上升趋势（个别点除外）。RDA 在 Yale 人脸数据库上的识别率最高；PCA+LDA 与 MELDA 各有利弊：在训练样本数较多时，MELDA 的识别率高于 PCA+LDA；当训练样本数较少时，PCA+LDA 的识别率高于 MELDA。因此，根据特征维数和样本规模选择适当的算法达到良好的识别效果。

（三）YaleB&YaleB Extended 人脸数据库上的实验

1. 训练样本数对 PCA+LDA、RDA、MELDA 人脸识别率的影响

在 YaleB&YaleB Extended 人脸数据库中任选每人 10、20、30、40、50 幅照片作为训练样本，剩下的照片作为测试样本。当特征维数为 37 时，识别率与训练样本数的关系如表 2.9 所示。

表 2.9　识别率与训练样本数的关系（YaleB& YaleB Extended）

算法	10 Train	20 Train	30 Train	40 Train	50 Train
PCA+LDA	0.925	0.920	0.956	0.950	0.975
RDA	0.776	0.785	0.842	0.928	0.921
MELDA	0.775	0.888	0.939	0.957	0.979

由表 2.9 可以看出：训练样本数较少（如任取每人 20 幅照片作为训练样本）时，PCA+LDA 的人脸识别率高于 RDA 和 MELDA；而训练样本较多（如任取每人 50 幅照片作为训练样本）时，MELDA 的识别高于 PCA+LDA 和 RDA，此时以上三种算法的识别率均超过 95%，能很好地完成人脸识别的任务。

2. 特征维数对 PCA+LDA、RDA、MELDA 人脸识别率的影响

当分别选取 YaleB&YaleB Extended 中每人 10、30、50 幅照片作为训练样本时，特征维数对 PCA+LDA、RDA、MELDA 识别率的影响如图 2.19 所示。

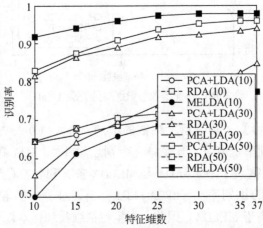

图 2.19　特征维数对识别率的影响（YaleB& YaleB Extended）

由图 2.19 可以看出：随着特征维数和训练样本数的增加，PCA+LDA、RDA、MELDA 的识别率均有所提高。特别是在训练样本数较多（如任取每人 50 幅照片作为训练样本）的情况下，MELDA 的识别率高于 PCA+LDA、RDA，且达到 95% 以上，能有效地识别人脸信息。

此外由于 MELDA 重新定义了类内离散度矩阵 S_w，使得特征信息的获取不再受样本类别数的限制。不失一般性，分别取 ORL 中每人前 5 幅照片、Yale 中每人前 7 幅照片以及 YaleB&YaleB Extended 中任意 30 幅照片作为训练样本，其余照片作为测试样本。在高维情况下，特征维数与识别率的关系如图 2.20 所示。

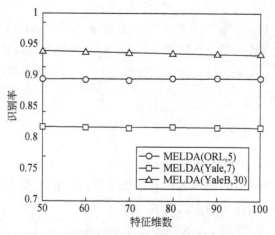

图 2.20　高维情况下识别率与特征维数的关系

由图 2.20 可知：高维情况下，MELDA 的识别率保持在较高的范围内，而且识别率具有很好的稳定性。

第五节　流形判别分析

一、流形学习与保局投影算法

（一）流形学习

微分几何中首先对空间 M 上每一点的无穷小邻域定义与欧式空间某个开集的微分同胚，加上这些邻域的连接信息组成微分结构，空间 M 连同这个微分结构称为流形。流形学习是一种新兴的机器学习方法，其主要目标是从高维数据中恢复低维流形结构，并求出相应的嵌入映射，以实现降维。流形学习是从观测到的现象中寻找事物的本质，寻求数据产生的内在规律的有效途径，目前已成为数据挖掘、模式识别、机器学习等领域的研究热点。

（二）LDA 等价形式

由 LDA 定义可知，(2.1.1) 式等价于

$$\max_{W} \boldsymbol{W}^T \boldsymbol{S}_B \boldsymbol{W} \tag{2.5.1}$$

且

$$\min_{W} \boldsymbol{W}^T \boldsymbol{S}_W \boldsymbol{W} \tag{2.5.2}$$

LDA 通过 Fisher 准则最大化类间离散度 $\boldsymbol{S}_B$ 和类内离散度 $\boldsymbol{S}_W$ 之比，尽量保证样本降维前后的全局特征不变。$\boldsymbol{S}_W$ 表明各类样本与其类中心之间的远近关系，并未考虑到样本的流形结构。上述问题严重制约着 LDA 降维效率的提高。

（三）保局投影算法

保局投影是一种典型的流形学习方法，其目标是保持样本局部流形结构不变，即高维空间的邻近样本在低维空间的相对关系保持不变。上述思想可用如下最优化表达式表示：

$$\min_{W} \sum_{i,j} (\boldsymbol{W}^T x_i - \boldsymbol{W}^T x_j)^2 S_{ij} \tag{2.5.3}$$

$$\text{s.t} \sum_{i} \boldsymbol{W}^T x_i D_{ii} x_i^T \boldsymbol{W} = 1 \tag{2.5.4}$$

其中 $\boldsymbol{W}$ 为投影矩阵；S_{ij} 为权重函数，其表征样本的相似程度；$D_{ii} = \sum_j S_{ij}$。

利用线性代数理论可将上述最优化问题转化为

$$\min_{W} \boldsymbol{W}^T \boldsymbol{XLXW} \tag{2.5.5}$$

$$\text{s.t} \boldsymbol{W}^T \boldsymbol{XDX}^T \boldsymbol{W} = 1 \tag{2.5.6}$$

其中 $\boldsymbol{L} = \boldsymbol{D} - \boldsymbol{S}$。

LPP 的最佳投影方向可通过求解 $\boldsymbol{XLX}^T \boldsymbol{W} = \lambda \boldsymbol{XDX}^T \boldsymbol{W}$ 的特征向量获得。

综上，LPP 通过保持降维前后样本的相对关系不变实现降维。然而，LPP 并未考虑到样本的全局特性，当样本中含有噪声时，LPP 的分类性能受到很大影响。

二、算法描述

(一) 基本思想

特征降维是当前解决大规模高维数据的一种经典处理技术，目前已广泛应用于人脸识别、文本分类、基因图谱分析等领域。然而传统降维方法难以充分利用样本的全局特性和局部流形结构，降维效率有待进一步提高。鉴于此，提出流形判别分析（manifold discriminant analysis，MDA）。该方法引入两个重要概念：基于流形的类内离散度（manifold-based within-class scatter，MWCS）和基于流形的类间离散度（manifold-based between-class scatter，MBCS）。在 Fisher 准则的基础上，通过最大化 MBCS 与 MWCS 之比实现降维。

(二) 基于流形的类间离散度

受流形学习启发，首先创建邻接图 $G_D = \{X, D\}$，其中 X 为样本集合，D 表示异类样本间的权重。X 中的任意两个样本 x_i 和 x_j，其异类权重函数定义如下：

$$D_{ij} = \begin{cases} \exp(-d/\parallel x_i - x_j \parallel^2) & l_i \neq l_j \\ 0 & l_i = l_j \end{cases} \quad (2.5.7)$$

其中 l_i（$i=1, 2, \cdots, N$）表示样本的类别标签，d 为常数。

异类权重函数 D_{ij} 表明：当样本 x_i 和 x_j 异类时，两者间距较大，则两者间的权重较大；当样本 x_i 和 x_j 同类时，则两者间的权重值为 0。

为了保持异类样本的局部流形结构，在高维空间彼此远离的异类样本 x_i 和 x_j 降维后仍应保持原有特性。基于上述分析，可得如下最优化表达式：

$$\max_W \sum_{i,j} (y_i - y_j)^2 D_{ij} \quad (2.5.8)$$

其中 $y_i = W^T x_i$，W 为最佳投影方向，$x_i \in X$。

对 $\sum_{i,j} (y_i - y_j)^2 D_{ij}$ 进行代数变换可得：

$$\frac{1}{2} \sum_{i,j} (y_i - y_j)^2 D_{ij} = W^T S_D W \quad (2.5.9)$$

其中 $S_D = X(D' - D)X^T$，D' 为对阵且 $D' = \sum_j D_{ij}$。

将（2.5.9）式带入（2.5.8）式中并去掉系数，可得：

$$\max_{W} W^T S_D W \tag{2.5.10}$$

由前面分析可知：　（2.5.1）式反映了各类样本之间的全局特性，（2.5.10）式表明样本的局部流形结构。为了充分利用样本的全局特性和局部流形结构，综合（2.5.1）式和（2.5.10）式可得：

$$\max_{W} \alpha W^T S_B W + (1 - \alpha) W^T S_D W = \max_{W} W^T M_B W \tag{2.5.11}$$

其中 α 为常数；$M_B = \alpha S_B + (1 - \alpha) S_D$，称之为基于流形类间离散度 MBCS。

（三）基于流形的类内离散度

与基于流形的类间离散度类似，首先定义同类权重函数定义如下：

$$S_{ij} = \begin{cases} \exp(- \| x_i - x_j \|^2 / s) & l_i = l_j \\ 0 & l_i \neq l_j \end{cases} \tag{2.5.12}$$

其中 l（$l=1, 2, \cdots, N$）表示样本的类别标签，s 为常数。

同类权重函数 S_{ij} 表明：当样本 x_i 和 x_j 同类时，赋予较大的权重；否则，权重为 0。为了保持降维前后相邻样本间的相对关系不变，则找到的最佳投影方向应保证满足如下优化问题：

$$\min_{W} \sum_{i, j} (y_i - y_j)^2 S_{ij} \tag{2.5.13}$$

其中 $y_i = W^T x_i$，W 为最佳投影方向，$x_i \in X$。

对 $\sum_{i, j} (y_i - y_j)^2 S_{ij}$ 进行代数变换可得：

$$\frac{1}{2} \sum_{i, j} (y_i - y_j)^2 S_{ij} = W^T S_s W \tag{2.5.14}$$

其中 $S_s = X(S' - S)X^T$，S' 为对阵且 $S' = \sum_{j} S_{ij}$。

将（2.5.14）式带入（2.5.13）式并去掉系数，可得：

$$\max_{W} W^T S_s W \tag{2.5.15}$$

为了有效利用样本的全局特性和局部流形结构，综合（2.5.2）式和（2.5.15）式可得：

$$\max_{W} \beta W^T S_W W + (1 - \beta) W^T S_s W = \max_{W} W^T M_W W \tag{2.5.16}$$

其中 β 为常数；$M_W = \beta S_W + (1 - \beta) S_s$，称之为基于流形类内离散度 MWCS。

（四）流形判别分析

借鉴 LDA，在 Fisher 准则的基础上，通过最大化 MBCS 与 MWCS 之比实现降维。上述思想可转化为如下优化问题：

$$J = \max_{W} \frac{M_B}{M_W} = \max_{W} \frac{W^T(\alpha S_B + (1-\alpha)S_D)W}{W^T(\beta S_W + (1-\beta)S_s)W} \qquad (2.5.17)$$

由 Lagrange 乘子法可知：上式中最佳投影矩阵 W 是满足等式 $M_B W = \lambda M_W W$ 的解。

由 (2.5.17) 式可以看出：MDA 不仅充分考虑了样本的全局特性，而且保持了样本的局部流形结构。MDA 继承了 LDA 和 LPP 的优势，并在一定程度上提高了降维效率。当 $\alpha = \beta = 1$ 或 $d = s = \infty$ 时，MDA 等价于 LDA；当 $\alpha = \beta = 0$，$d = \infty$ 且 $s < \infty$ 时，MDA 等价于 LPP。

在实际应用中，M_W 往往奇异，无法通过上述优化问题求解。为了方便，采用扰动法（即在其主对角线上增加一个很小的正数使得 M_W 不再奇异）解决 M_W 奇异性问题。

基于上述分析，MDA 算法可简述如下：

MDA

输入数据：样本集 X 和降维数 d

输出数据：样本集 X 对应的低维嵌入集 $Y = [y_1, y_2, \cdots, y_d]$

Step1：创建邻接图 $G_D = \{X, D\}$ 和 $G_S = \{X, S\}$，其中 $X = \{x_1, x_2, \cdots, x_N\}$ 表示样本集，D 和 S 分别表示异类和同类样本间的权重。当两个样本点 x_i 和 x_j 异类时，则在两者之间新增一条边，形成异类邻接图；同理形成同类邻接图。

Step2：计算异类权重 D 和同类权重 S。若异类样本点 x_i 和 x_j 之间有边相连，则利用 (2.5.7) 式计算异类权重 D；若同类样本点 x_i 和 x_j 之间有边相连，则利用 (2.5.12) 式计算同类权重 S。

Step3：分别计算类间离散度 S_B、类内离散度 S_W、基于流形的类间离散度 M_B 以及基于流形的类内离散度 M_W。

Step4：解决 M_W 奇异性问题。当 M_W 奇异时，采用扰动法解决该问题，即在其主对角线上增加一个很小的正数 δ。设增加扰动后的 M_W 为 M'_W。

Step5：计算最佳投影矩阵 W。最佳投影矩阵 W 满足等式 $M_W^{-1} M_B W = \lambda W$ 或 $M'_W{}^{-1} M_B W = \lambda W$ 的解。上式前 d 个最大非零特征值对应的特征向量构成投影矩阵 $W = [w_1, \cdots, w_d]$。

Step6：对样本进行降维。对于任意样本 $x_i \in X$，经降维后可得 $y_i = W^T x_i$。

（五）MDA 与传统降维方法的关系

传统降维方法主要有两种思路：一是利用样本的全局特征，保证降维前后样本的全局特征不变，典型代表为 LDA；二是尽量保证相邻样本在降维前后的流形结构不变，典型代表为 LPP。LDA 在 Fisher 准则下选择最优的投影向量，使得样本的类间离散度最大而类内离散度最小。LDA 充分利用样本的类别信息，有效地提高了算法的识别率。由于 LDA 重点考虑的是样本的线性可分性问题，往往忽略样本的局部流形结构，因此降维效率有限。以 LPP 为代表的流形学习方法试图保持流形的局部邻域结构信息并利用这些信息构造全局嵌入。流形学习方法能够有效地探索非线性流形分布数据的内在规律与性质。但是在实际应用中该方法对噪声和离群值较为敏感，这极大限制了其鲁棒性及泛化能力的提高。

流形判别分析 MDA 在 Fisher 准则的基础上，借鉴流形学习思想，通过最大化基于流形的类内离散度 MWCS 与基于流形的类间离散度 MBCS 之比实现降维。与传统降维方法相比，MDA 最大优势在于充分利用了样本的全局和局部信息，不仅保证样本在全局上线性可分，而且使得样本的局部流形结构尽量保持不变。

三、实验分析

通过与主流降维方法 PCA、LPP、LDA 比较，验证 MDA 的有效性。实验环境为 3GHz Pentium4 CPU，2G RAM，Windows XP 及 Matlab7.0。MDA 的降维效率与参数选择有关。参数通过 5 倍交叉验证获取。参数 α 和 β 分别在网格 {0.1，0.2，0.3，0.4，0.5，0.6，0.7，0.8，0.9} 中搜索选取。实验包括 UCI 二维可视化实验和人脸识别实验。

实验步骤如下：

Step1：将样本分为训练样本和测试样本；

Step2：利用 MDA 求最佳投影方向；

Step3：将测试样本投影到最佳投影方向上；

Step4：将投影后的测试样本通过最近邻分类器与训练样本进行特征识别，得到识别结果。

（一）UCI 二维可视化实验

选取 UCI 中的 Wine 数据集。该数据集包含 3 类 178 个样本，样本维数为 13。分别在数据上运行 PCA，LPP，LDA，MDA 等降维方法，并将样本降至 2 维。实验结果如图 2.21 所示。

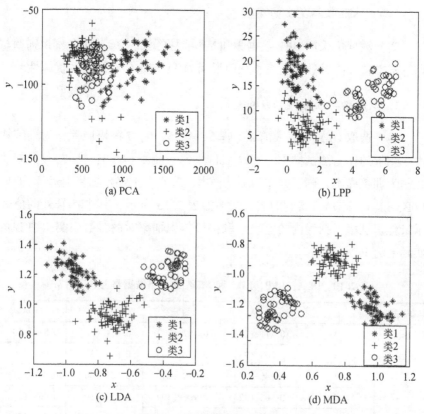

图 2.21 二维降维实验结果

由图 2.21 可以看出：PCA 降维后的 3 类样本的重叠率较高，降维效率较低。LPP、LDA、MDA 基本能完成降维任务，但三者效率差别较大。三者中，LPP 的识别率最低，主要表现在样本分布松散且 3 类样本边界附近重叠率较高，主要原因在于 LPP 关注样本的局部流形结构，对于样本的全局特性，特别是样本的类内离散度和类间离散度重视不够。LDA 和 MDA 均能达到较高的识别率，但从样本的分布性状看，MDA 显然比 LDA 更优。主要原因在于 MDA 同时考虑了样本的全局特性和局部流形结构，保证降维过程中尽可能保持样本的原有特性。而 LDA 关注的是样本的全局特性，即 LDA 中的类间离散度保证各类样本尽量分开，类内离散度反映各类样本内部的紧密程度，但两者均未考虑相邻样本在降维前后相对关系的稳定性，即样本的局部结构。

（二）人脸数据集上的实验

实验数据集采用 ORL 数据集和 Yale 数据集。实验分别考察识别率与训练样本数和降维数的关系，从而说明 MDA 较之传统方法的优越性。

1. 识别率与训练样本数的关系

实验选取 ORL 中每人前 k（$k=3$，4，5，6，7）幅照片作为训练样本，剩下的作为测试样本；选取 Yale 中每人前 k（$k=3$，5，7，9）幅照片作为训练样本，剩下的作为测试样本。分别在上述数据集上运行 PCA，LPP，LDA，MDA，得到的实验结果如表 2.10 所示，其中括号外的值表示最佳识别率，括号内的值表示取得最佳识别率时的维数。实验中 LDA 实际上为 PCA+LDA。

表 2.10　PCA，LPP，LDA 和 MDA 在人脸数据集上的识别率

Datasets	k	PCA	LPP	LDA	MDA
ORL	3	0.711（28）	0.789（28）	0.814（30）	0.875（20）
	4	0.808（28）	0.867（30）	0.875（30）	0.954（18）
	5	0.845（22）	0.890（24）	0.905（30）	0.950（21）
	6	0.863（22）	0.906（30）	0.950（30）	0.963（25）
	7	0.892（20）	0.917（22）	0.925（26）	0.958（20）
	8	0.873（20）	0.925（30）	0.938（26）	0.963（23）
Yale	4	0.619（12）	0.733（14）	0.667（14）	0.733（12）
	5	0.667（14）	0.763（14）	0.767（14）	0.767（13）
	6	0.653（12）	0.770（14）	0.747（10）	0.787（14）
	7	0.750（12）	0.833（12）	0.833（14）	0.900（14）
	8	0.800（10）	0.899（14）	0.822（14）	0.867（14）

由表 2.10 可以看出：在 ORL 数据集上，与 PCA、LPP、LDA 相比，MDA 具有最优的识别率；在 Yale 数据集上，除 $k=8$ 外，MDA 具有最优的识别率。

2. 识别率与降维数的关系

实验选取 ORL 中每人前 5 张照片作为训练样本，剩下的作为测试样本；Yale 中每人前 9 幅照片作为训练样本，剩下的作为测试样本。实验

结果如图 2.22 所示。

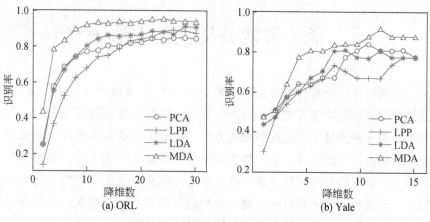

图 2.22　识别率与降维数的关系

由图 2.22 可以看出：随着降维数的增大，识别率基本呈上升趋势（个别情况除外）。与 PCA、LPP、LDA 相比，MDA 的识别率最优。

表 2.10 及图 2.22 均表明 MDA 的识别率优于 PCA、LPP、LDA 等方法。其原因归纳如下：

1）PCA 试图在样本空间中找到最能表征样本特征的主成分，而其往往忽略同类样本间的相似度以及异类样本间的差异性。

2）LDA 关注的是样本的全局特性，分别用类内离散度和类间离散度表示同类样本间的相似度和异类样本间的差异性。该方法对样本的局部流形结构重视不够，无法保持降维前后样本的局部特征。

3）LPP 的基本思想是尽量保证相邻样本在降维前后相对关系不变。该方法很好地保持样本的局部结构，但其对全局信息考虑不足，因此在降维过程中易受噪声点或奇异点的影响。

4）MDA 充分利用样本的全局信息和局部信息，有机地将 Fisher 准则和局部流形保持结合起来，有效地提高了降维效率。

第三章　智能分类优化方法研究

时至今日，智能分类方法已被广泛地应用于情报分析、企业管理、统计学和神经生物学等领域。智能分类方法按照工作原理可以分为三种类型：第一种为基于相似度的分类方法，其分类性能主要取决于相似度或者是距离度量的设计；第二种为基于决策边界的分类方法，其原理是训练一个最优的目标函数，该训练过程是一种获得数据空间决策边界的过程，而此目标函数则反映了决策分类的错误率和错误损失；第三种是基于概率密度估计的分类方法，其原理是建立基于概率密度函数的概率估计模型。纵观现有研究成果，与基于相似度的分类方法相比，基于概率密度估计的分类方法和基于决策边界的分类方法仍存在许多未解的难题，因此，本章试图对上述两类方法面临的一些挑战进行探索性研究，以期进一步提高其分类能力。

本章第一节介绍背景知识；第二节至第六节借鉴光学物理学、空间几何、模糊理论等学科的知识对基于决策边界的分类方法进行探讨[87-91]；第七节在熵理论和 Parzen 窗的基础上对基于概率密度估计的分类方法展开研究[92]。此外，笔者还针对天文信息技术领域提出一系列天体光谱分类方法，详见文献 [93-100]。

第一节　背景知识

本章重点关注的分类方法是支持向量机、分类超平面、最小包含球、核向量机，相关分类模型分述如下。

规定：

①对于包含 N 个样本二类划分问题，设给定训练集合 $T = \{(x_1, y_1), \cdots, (x_N, y_N)\}$，$x_i \in R^d (1 \leqslant i \leqslant N_1 + N_2 = N)$ 为输入数据，$y_i \in \{1, -1\}$ 为类别标签。当 $1 \leqslant i \leqslant N_1$ 时，$y_i = 1$；当 $N_1 + 1 \leqslant i \leqslant N$ 时，$y_i = -1$。第一类含有 N_1 个样本 $\{x_i, y_i\}_{i=1}^{N_1}$，第二类含有 N_2 个样本 $\{x_j, y_j\}_{i=N_1+1}^{N}$。

②对于包含 N 个样本模糊二类划分问题，设模糊训练集合 $T =$

$\{(x_1, y_1, s_1), \cdots, (x_N, y_N, s_N)\}$ 其中 $x_i \in R^d (1 \leq i \leq N_+ + N_- = N)$ 为输入数据, $y_i \in \{1, -1\}$ 为类别标签, s_i 为模糊隶属度。规定: $1 \leq i \leq N_+$ 时, $y_i = 1$; $N_+ + 1 \leq i \leq N$ 时, $y_i = -1$。假设第一类含有 N_+ 个样本 $\{x_i, y_i, s_i\}_{i=1}^{N_+}$, 第二类含有 N_- 个样本 $\{x_j, y_j, s_j\}_{j=N_++1}^{N}$。

一、支持向量机

支持向量机[101]的目的是寻找一个最优超平面将两类样本正确分开。设超平面方程为 $W^T x + b = 0$, 分类间隔为 $2 / \|W\|$, 则寻找最优分类面的过程可转化为如下优化问题:

$$\min_{W, b, \xi_i} \frac{1}{2} \|W\|^2 + C \sum_{i=1}^{N} \xi_i \qquad (3.1.1)$$

$$\text{s.t } y_i(W^T x_i + b) \geq 1 - \xi_i, \xi_i \geq 0 \ i = 1, \cdots, N \qquad (3.1.2)$$

其中 C 为惩罚因子, 它控制对错分样本的惩罚程度: $C=0$ 时表示线性可分, $C>0$ 时表示线性不可分; 松弛因子 ξ_i 保证最优分类面具有一定的容错性。

上述优化问题可转化为如下对偶形式:

$$\max_{\alpha} \sum_{i=1}^{N} \alpha_i - \frac{1}{2} \sum_{i=1}^{N} \sum_{j=1}^{N} y_i y_j \alpha_i \alpha_j x_i^T x_j \qquad (3.1.3)$$

$$\text{s.t } \sum_{i=1}^{N} y_i \alpha_i = 0 \qquad (3.1.4)$$

$$0 \leq \alpha_i \leq C, i = 1, 2, \cdots, N \qquad (3.1.5)$$

其中 α_i 为每个样本对应的 Lagrange 乘子, 上述优化问题的最优解为 $\alpha^* = (\alpha_1^*, \alpha_2^*, \cdots, \alpha_N^*)^T$, 其中不为零的 α_i^* 对应的样本为支持向量。可计算最优分类面的权系数向量

$$W^* = \sum_{i=1}^{N} y_i \alpha_i^* x_i \qquad (3.1.6)$$

选择最优解 α^* 的一个正分量 $0 < \alpha_j^* < C$, 计算分类阈值

$$b^* = y_j - \sum_{i=1}^{N} y_i \alpha_i^* x_i^T x_j \qquad (3.1.7)$$

可求得决策函数为

$$f(x) = \text{sgn}(W^{*T} x + b^*) \qquad (3.1.8)$$

对于非线性问题, SVM 通过一个非线性映射 ϕ 将输入空间变换到高维空间求解最优分类面, 则优化问题可转化为

$$\min_{W, b, \xi_i} \frac{1}{2} \|W\|^2 + C \sum_{i=1}^{N} \xi_i$$

$$\text{s.t } y_i(W^T \varphi(x_i) + b) \geq 1 - \xi_i, \xi_i \geq 0 \ i = 1, \cdots, N \quad (3.1.9)$$

其中 $\varphi(x)$ 表示从原始样本空间到高维特征空间的映射。

利用对偶理论将上述优化问题转化为二次规划问题，即：

$$\max_{\alpha} \sum_{i=1}^{N} \alpha_i - \frac{1}{2} \sum_{i=1}^{N} \sum_{j=1}^{N} y_i y_j \alpha_i \alpha_j k(x_i, x_j) \qquad (3.1.10)$$

$$\text{s. t} \sum_{i=1}^{N} y_i \alpha_i = 0$$

$$0 \leqslant \alpha_i \leqslant C, \ i = 1, 2, \cdots, N$$

其中核函数 $k(x, y) = \varphi(x)^T \varphi(y)$。

可求得决策函数

$$f(x) = \text{sgn}\left(\sum_{i=1}^{N} \alpha_i^* y_i k(x_i, x) + b^* \right) \qquad (3.1.11)$$

选择最优解 α^* 的一个正分量 $0 < \alpha_j^* < C$，计算分类阈值

$$b^* = y_j - \sum_{i=1}^{N} y_i \alpha_i^* k(x_i, x_j) \qquad (3.1.12)$$

二、分类超平面

为了减小线性 SVM 时空复杂度，研究人员提出如下分类超平面（separating hyperplane，SH）[102]：

$$d(x) = \text{sgn}(y_i x_i^T x - y_j x_j^T x - b) \qquad (3.1.13)$$

该超平面工作原理如下：对于两类问题，两类中各选一个样本点，将两点连线的法平面作为候选分类面。由于存在无穷多个这样的分类面，因此规定该分类面至少经过一个样本点。选取误分率最低的分类面作为最优分类面。设分类面方程为 $\boldsymbol{a}^T \boldsymbol{x} = b$，其中 $\boldsymbol{a} = y_i x_i - y_j x_j (y_i y_j = -1)$，$b = \boldsymbol{a}^T x_k$。上述思想如图 3.1 所示，其中○和+分别表示两类样本。

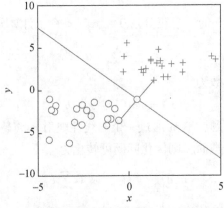

图 3.1　分类超平面工作原理示意图

　　研究人员主要讨论线性情况下上述分类器的性能，对非线性情况未做详尽的理论和实验分析。更重要的是，他们没有意识到上述分类器的核化形式能有效解决核 SVM 隐私泄露问题。因此，在已有研究的基础上对上述分类器的核化形式在隐私保护方面的作用做进一步研究。(3.1.13) 式的核化形式如下：

$$d(x) = \mathrm{sgn}(y_i k(x_i,\ x) - y_j k(x_j,\ x) - b) \qquad (3.1.14)$$

其中分类阈值 $b = y_i k(x_i,\ x_k) - y_j k(x_j,\ x_k)(1 \leqslant i \leqslant N_1,\ N_1 + 1 \leqslant j \leqslant N,\ 1 \leqslant k \leqslant N)$，$y_i y_j = -1$。

三、SVDD 及 MEB 问题

　　支持向量数据描述 SVDD[103] 是受 SVM 的启发提出的，用于单类分类或数据描述问题。SVDD 的目标是找到一个以 c 为球心，R 为半径的最小包含球。SVDD 分为硬边界 SVDD 和软边界 SVDD，本节重点关注硬边界 SVDD。求最小超球的半径就是求解以下二次规划问题：

　　线性形式：

$$\min R^2 \qquad (3.1.15)$$

$$\mathrm{s.t}\ \| c - x_i \|^2 \leqslant R^2\ i = 1,\ \cdots,\ N \qquad (3.1.16)$$

其中 c 为超球体球心，R 为超球体半径。

　　非线性形式：

$$\min R^2$$

$$\mathrm{s.t}\ \| c - \varphi(x_i) \|^2 \leqslant R^2\ i = 1,\ \cdots,\ N \qquad (3.1.17)$$

其中 $\varphi(x_i)$ 表示从原始样本空间到高维特征空间的映射。

　　由 Lagrangian 定理可将原问题转化为如下对偶形式：

$$\max_{\alpha} \boldsymbol{\alpha}^T \mathrm{diag}(\mathbf{K}) - \boldsymbol{\alpha}^T \mathbf{K} \alpha \qquad (3.1.18)$$

$$\mathrm{s.t}\ \alpha^T 1 = 1,\ \alpha \geqslant 0 \qquad (3.1.19)$$

其中 $\boldsymbol{\alpha} = [\alpha_1,\ \cdots,\ \alpha_N]^T$，$\mathbf{1} = [1,\ \cdots,\ 1]^T$，核函数 $\mathbf{K} = [k(x_i,\ x_j)] = [\varphi(x_i)^T \varphi(x_j)]$，$\mathbf{0} = [0,\ \cdots,\ 0]^T$。

　　硬边界 SVDD 等价于最小包含球（minimum enclosed ball，MEB）问题，该结论对本节研究具有重要意义。

四、核向量机

　　Tsang 等提出的核向量机（core vector machine，CVM）[104] 把 QP 问题的求解转化为最小包含球问题，并使用一个逼近率为 $(1+\varepsilon)$ 的近似算法得到核心集（core set）。该核心集规模远小于原始样本规模，通过对该核心集训练可得到理想的分类效果。核心集规模仅与参数 ε 有关，与样本数及样本维数无关，该结论从理论上保证 CVM 适用于大规模样本分类问题。

第二节　基于光束角思想的最大间隔学习机

基于决策边界的分类方法[103-107]作为一种重要的智能分类方法受到业界的广泛关注并取得了不少研究成果。该方法通过几何形状如超平面、超（椭）球等，将目标数据中的高密度区域映射到一个正半空间或者封闭的超（椭）球里，同时保证包含大部分目标数据且上述几何形状体积最小，以达到最佳分类效果。支持向量机 SVM 及其变种基本思想是在空间内寻找一个超平面将两类分开；支持向量数据描述 SVDD 采用最小体积超球约束目标数据达到剔除奇异点的目的；Wei 等利用超椭球代替了 SVDD 中的超球以考虑数据的结构信息[108]，类似的椭球模型还有最小体积包含椭球（minimum volume enclosing ellipsoid，MVEE）[109] 以及核最小体积覆盖椭球（kernel minimum volume covering ellipsoid，KMVCE）[110]，它们均是通过优化椭球体积来寻找最小超椭球。

由上述分析不难看出：几何空间中平面（线）、球（椭球）等已被广泛用于智能分类中。空间几何另一重要组成部分——点能否作为分类依据值得研究。借鉴光束角思想，提出一种新颖的智能分类方法——基于光束角思想的最大间隔学习机（maximum margin learning machine based on beam angle，BAMLM）。该方法首先在样本空间中找到一个分类点 c，满足：c 距离两类样本尽可能近且类间夹角间隔尽可能大。利用 BAMLM 的核化对偶式与最小包含球的等价性提出基于核向量机 CVM 的 BAMLM 即 BACVM，将 BAMLM 的应用范围从中小规模数据集推广到大规模数据集。所提算法与已有基于边界分类方法的不同之处在于：①设计思想不同。已有基于边界分类方法在样本空间中找到一个平面（线）、球（椭球）等将两类分开；而所提算法是通过分类点将两类分开；②适用范围不同。已有基于边界分类方法在中小规模数据集上效果优良，但面对大规模数据便无能为力；而所提算法不仅能解决中小规模数据集上的分类问题，还可以解决大规模数据集上的分类问题。

一、光束角

光学领域中，光束角是指过光源轴线的同一平面内光强为最大光强 1/2 的两束光[111]，如图 3.2 所示。光导管系统的光源与照明区域密切相关。从光束角角度看，模式分类的目标是在模式空间中找到一个"光源"分别照射两类样本，根据照射区域的不同确定样本类属。

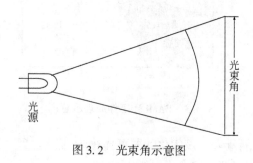

图 3.2　光束角示意图

二、基于光束角思想的最大间隔学习机

（一）BAMLM 与光束角的关系

光学领域中，光导管系统的光源与照明区域密切相关。实际应用要求光源尽可能照射整个目标区域。基于此思想，提出基于光束角思想的最大间隔学习机（maximum margin learning machine based on beam angle，BAMLM）。从光学角度 BAMLM 可理解为在样本空间中寻找一个"光源"分别照射两类样本，根据照射区域的不同对样本进行分类；从空间几何角度 BAMLM 可理解为在样本空间内寻找一个分类点，通过计算样本与分类点间的夹角来判断样本类属。BAMLM 工作原理如图 3.3。图 3.3 中两类分别用 Class 1 和 Class2 表示，支持向量（support vectors）用 SVs 表示，分类点（classified point）用 CP 表示。

由图 3.3 可以看出：BAMLM 的支持向量主要分布在样本边界附近，这与 BAMLM 的工作原理有关。BAMLM 通过夹角的余弦值间隔来判断新进样本的类属，"光源"与边界支持向量的夹角大小直接决定分类的精度，因此 BAMLM 的支持向量分布在样本边界附近。

（二）线性形式

基于上述分析，BAMLM 目标是在样本空间中寻找分类点 c，保证两

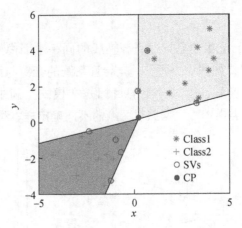

图 3.3　BAMLM 工作原理示意图

类分开且两类间隔最大。该优化问题可描述为

$$\min_{c,\,\rho,\,\xi_i} \frac{1}{N} \sum_{i=1}^{N} \| x_i - c \|^2 - \nu\rho + C \sum_{i=1}^{N} \xi_i^2 \qquad (3.2.1)$$

$$\text{s. t } y_i \left(\frac{x_i^T c}{\| x_i \| \| c \|} + \xi_i \right) > \rho \quad i = 1, \cdots, N \qquad (3.2.2)$$

其中 c 为分类点；$x_i^T c / \| x_i \| \| c \|$ 表示样本点 x_i 与分类点 c 夹角的余弦值；ρ 表示类间夹角的余弦值间隔；ν 为可调参数；C 为惩罚因子，用于惩罚错分样本；ξ_i 为松弛因子。

为了推导方便，将（3.2.2）式改写为

$$y_i (x_i^T c + \xi_i) \geqslant \rho \quad i = 1, \cdots, N \qquad (3.2.3)$$

相应地，（3.2.3）式中参数 ξ_i 和 ρ 含义变为向量模意义上的松弛因子和类间夹角对应的样本与分类点内积的间隔。

针对上述目标函数，给出如下说明：$\dfrac{1}{N} \sum\limits_{i=1}^{N} \| x_i - c \|^2$ 保证样本距离分类点最近，尽可能避免奇异点对分类的影响；$-\nu\rho$ 保证类间夹角的余弦值间隔最大，其中可调参数 ν 与支持向量数密切相关；$C \sum\limits_{i=1}^{N} \xi_i^2$ 允许存在误差，在一定程度上提高了算法的泛化能力。

定理 3.1：BAMLM 原始优化问题的对偶形式为

$$\max_{\alpha} - \frac{4}{N} \sum_{i=1}^{N} \sum_{j=1}^{N} \alpha_i y_i x_i^T x_j - \sum_{i=1}^{N} \sum_{j=1}^{N} \alpha_i \alpha_j y_i y_j x_i^T x_j - \frac{1}{C} \sum_{i=1}^{N} \alpha_i^2 \quad (3.2.4)$$

$$\text{s. t } \sum_{i=1}^{N} \alpha_i = \nu ; \ \alpha_i \geqslant 0 \quad i = 1, \cdots, N \qquad (3.2.5)$$

证明：根据 Lagrangian 定理，上述原始问题的 Lagrangian 方程为：

$$L(c, \rho, \alpha, \xi_i) = \frac{1}{N}\sum_{i=1}^{N}\|x_i - c\|^2 - \nu\rho + C\sum_{i=1}^{N}\xi_i^2$$

$$+ \sum_{i=1}^{N}\alpha_i(\rho - y_i x_i^T c - y_i\xi_i) \qquad (3.2.6)$$

其中 Lagrangian 乘子 $\alpha_i \geq 0$。

$L(c, \rho, \alpha, \xi_i)$ 分别对 c、ρ、ξ_i 等变量求偏导，并令各偏导方程等于零，可得：

$$\frac{\partial L}{\partial \rho} = -\nu + \sum_{i=1}^{N}\alpha_i = 0 \Rightarrow \sum_{i=1}^{N}\alpha_i = \nu$$

$$\frac{\partial L}{\partial c} = -\frac{2}{N}\sum_{i=1}^{N}(x_i - c) - \sum_{i=1}^{N}\alpha_i y_i x_i = 0 \Rightarrow c = \sum_{i=1}^{N}\left(\frac{1}{N} + \frac{1}{2}\alpha_i y_i\right)x_i$$

$$\frac{\partial L}{\partial \xi_i} = 2C\xi_i - \alpha_i y_i = 0 \Rightarrow \xi_i = \frac{\alpha_i y_i}{2C}$$

将上式代入目标函数 (3.2.6) 式，定理成立。

（三）核化形式

在非线性情况下，通过一个满足 Mercer 条件的核函数对输入样本进行高维映射，并在高维空间中进行分类。非线性 BAMLM 表示如下：

$$\min_{c, \rho, \xi_i} \frac{1}{N}\sum_{i=1}^{N}\|\varphi(x_i) - c\|^2 - \nu\rho + C\sum_{i=1}^{N}\xi_i^2 \qquad (3.2.7)$$

$$\text{s.t } y_i(\varphi(x_i)^T c + \xi_i) \geq \rho \quad i = 1, \cdots, N \qquad (3.2.8)$$

其中映射函数 $\varphi: R^d \mapsto R^D(D \gg d)$ 将原始样本空间映射到高维特征空间。

非线性 BAMLM 对偶形式为

$$\max_{\alpha} -\frac{4}{N}\sum_{i=1}^{N}\sum_{j=1}^{N}\alpha_i y_i k(x_i, x_j) - \sum_{i=1}^{N}\sum_{j=1}^{N}\alpha_i\alpha_j y_i y_j k(x_i, x_j) - \frac{1}{C}\sum_{i=1}^{N}\alpha_i^2$$

$$(3.2.9)$$

$$\text{s.t } \sum_{i=1}^{N}\alpha_i = \nu \; ; \; \alpha_i \geq 0 \quad i = 1, \cdots N \qquad (3.2.10)$$

其中核函数 $k(x_i, x_j) = \varphi(x_i)^T\varphi(x_j)$。

（四）间隔 ρ 的求解

由 KKT 条件可知：对于支持向量，(3.2.8) 式等号成立，即

$$\rho = y_i(\varphi(x_i)^T c + \xi_i) \qquad (3.2.11)$$

设支持向量集为：$S = \{x_i \mid \alpha_i > 0,\ i = 1,\ \cdots,\ N\}$。将每个 $x_i \in S$ 代入 (3.2.11) 式并求平均可得间隔 ρ：

$$\rho = \frac{1}{|S|} \sum_{x_i \in S} y_i \left(\sum_{i=1}^{N} \left(\frac{1}{N} + \frac{1}{2} \alpha_i y_i \right) k(x_i,\ x_j) + \xi_i \right) \quad (3.2.12)$$

(五) 决策函数

BAMLM 的决策函数如下：

$$f(x) = \mathrm{sgn}(\varphi(x)^T c - \rho)$$

$$= \mathrm{sgn}\left(\sum_{i=1}^{N} \left(\frac{1}{N} + \frac{1}{2} \alpha_i y_i \right) k(x_i,\ x) - \rho \right) \quad (3.2.13)$$

若 $f(x) > 0$ 则 x 属于第一类；若 $f(x) < 0$ 则 x 属于第二类。将上述决策函数称为 "夹角差决策函数"。

三、CCMEB 及 BACVM

中心受限最小包含球 (Center-Constrained MEB，CCMEB) 是 MEB 问题的扩展。设 $\delta_i \in R$，将原核空间的样本点扩展为 $\begin{bmatrix} \varphi(x_i) \\ \delta_i \end{bmatrix}$，将原球心扩展为 $\begin{bmatrix} c \\ 0 \end{bmatrix}$，则 (3.1.16) 式变为 (3.2.14) 式，结合 (3.1.15) 式可得如下的 CCMEB：

$$\min R^2$$

$$\mathrm{s.t}\ \| c - \varphi(x_i) \|^2 + \delta_i^2 \leqslant R^2\ i = 1,\ \cdots N \quad (3.2.14)$$

由 Lagrangian 定理易得上述问题的对偶形式：

$$\max_{\alpha} \alpha^T \mathrm{diag}(\mathbf{K} + \Delta) - \alpha^T \mathbf{K} \alpha \quad (3.2.15)$$

$$\mathrm{s.t}\ \alpha^T 1 = 1;\ \alpha \geqslant 0 \quad (3.2.16)$$

其中 $\boldsymbol{\alpha} = [\alpha_1,\ \cdots,\ \alpha_N]^T$，$\mathbf{K} = [k(x_i,\ x_j)] = [\varphi(x_i)^T \varphi(x_j)]$，$\Delta = [\delta_1^2,\ \cdots,\ \delta_N^2]^T \geqslant 0$，$\mathbf{0} = [0,\ \cdots,\ 0]^T$，$\mathbf{1} = [1,\ \cdots,\ 1]^T$。

对于任意的常数 $\eta \in R$，有

$$\max_{\alpha} \boldsymbol{\alpha}^T \mathrm{diag}(\mathbf{K} + \Delta - \eta 1) - \boldsymbol{\alpha}^T \mathbf{K} \boldsymbol{\alpha} \quad (3.2.17)$$

$$\mathrm{s.t}\ \boldsymbol{\alpha}^T 1 = 1;\ \boldsymbol{\alpha} \geqslant \mathbf{0}$$

由于 η 与 $\boldsymbol{\alpha}$ 无关，则易知 (3.2.15) 式与 (3.2.17) 式同解。任何形如 (3.2.17) 式且 $\Delta \geqslant 0$ 均可视为 MEB 问题。

（一）BAMLM 与 CCMEB 关系

令 $\beta_i = \dfrac{1}{\nu}\alpha_i$ 并将其带入（3.2.9）式和（3.2.10）式有

$$\max_{\alpha} \boldsymbol{\alpha}^T(\operatorname{diag}(\mathbf{K}) + \boldsymbol{\Delta} - \eta\mathbf{1}) - \boldsymbol{\alpha}^T\mathbf{K}\boldsymbol{\alpha} \qquad (3.2.18)$$

$$\text{s. t } \boldsymbol{\alpha}^T\mathbf{1} = 1 \text{ ; } \boldsymbol{\alpha} \geqslant \mathbf{0} \qquad (3.2.19)$$

其中 $\mathbf{K} = \left[y_i y_j k(x_i, x_j) + \mu_{ij} \right]$ 且 $\mu_{ij} = \begin{cases} \dfrac{1}{C} & i = j \\ 0 & i \neq j \end{cases}$，$\boldsymbol{\Delta} = -\operatorname{diag}(\mathbf{K}) -$

$\dfrac{4}{N\nu}y_i\displaystyle\sum_{j=1}^{N} k(x_i, x_j) + \eta\mathbf{1}$。当 η 取值足够大时，总能保证 $\boldsymbol{\Delta} \geqslant 0$，则

BAMLM 等价于 CCMEB 问题，则可利用 CVM 求解大规模样本分类

问题。

（二）BACVM

基于上述分析提出 BACVM 算法，算法描述如下：

参数说明：B（c，R）：球心为 c，半径为 R 的最小包含球；S_t：核心集；t：迭代次数；ε：终止参数。

BACVM

Step1：初始化 c_1，R_t，S_t，ε，$t=0$；

Step2：对于 $\forall z$ 有 $\varphi(z) \in B(c_t, (1+\varepsilon)R)$，则转到 **Step6**，否则转到 **Step3**；

Step3：如果 $\varphi(z)$ 距离球心 c_t 最远，则 $S_{t+1} = S_t \cup \{\varphi(z)\}$；

Step4：寻找最新最小包含球 $B(S_{t+1})$，并设置：$c_t = c_{B(S_{t+1})}$，$R_t = R_{B(S_{t+1})}$；

Step5：$t=t+1$ 并转到 **Step2**；

Step6：BAMLM 对核心集 S_t 进行训练并得到如（3.2.13）式的决策函数。

四、实验分析

实验目的是考察 BAMLM 及 BACVM 分别在中小规模和大规模数据集上的有效性。实验环境为 3GHz Pentium4 CPU、256M RAM、Windows XP 及 Matlab7.0。实验选取的核函数为高斯核函数：

$$k(x_i, x_j) = \exp(-\parallel x_i - x_j \parallel^2/2\delta^2)$$

（一）实验参数分析

1. BAMLM 参数设置

BAMLM 的分类精度与参数选择密切相关。目前参数选择的主流方法有：单一验证估计、留一法、k 倍交叉验证法以及基于样本相似度的方法等。除测试样本外，将训练样本分为 4 份训练集和 1 份验证集进行 5 倍交叉验证。

参数通过网格搜索策略选择。高斯核函数的方差 δ 在网格 $\{\bar{x}/2\sqrt{2}$，$\bar{x}/2$，$\bar{x}/\sqrt{2}$，$\bar{x}$，$\sqrt{2}\bar{x}$，$2\bar{x}$，$2\sqrt{2}\bar{x}\}$ 中搜索选取，其中 $\bar{x}$ 为训练样本平均范数的平方根；C-SVC 中，惩罚因子 C 在网格 $\{0.01, 0.05, 0.1, 0.5, 1, 5, 10\}$ 中搜索选取；ν-SVC 中，参数 ν 在网格 $\{0.1, 0.5, 1, 5, 10\}$ 中搜索选取；KNN 中，参数 K 在网格 $\{1, 3, 5, 7, 9\}$ 中搜索选取；BAMLM 中，可调参数 ν 在网格 $\{0.1, 0.5, 1, 5, 10\}$ 中搜索选取，惩罚因子 C 在网格 $\{0.1, 0.5, 1, 5, 10\}$ 中搜索选取。

2. 参数对 BAMLM 的影响

BAMLM 主要有三个参数：高斯核函数的方差 δ、可调参数 ν 以及惩罚因子 C。这些参数对 BAMLM 分类精度有一定影响。经研究发现：可调参数 ν 影响支持向量数。实验选取 Wine、Iris、Heart、Spectf 等数据集，实验结果如图 3.4 所示。

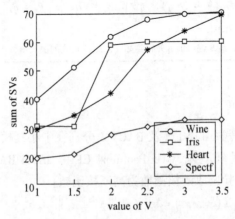

图 3.4　支持向量数与可调参数 ν 的关系

由图 3.4 可以看出：支持向量数随着 ν 值增大而增加。实验表明：该结论在其他 UCI 数据集亦成立。

3. 参数对 BACVM 的影响

（1）可调参数 ν 对支持向量数的影响

由"参数对 BAMLM 的影响"可知：BAMLM 的支持向量数随着可调参数 ν 的增大呈增加。研究表明：BACVM 支持向量数亦遵循同样规律。

（2）终止参数 ε 对精度及训练时间的影响

由 BACVM 算法可知：终止参数 ε 越小，则算法迭代次数越多，样本训练时间越长。因此选择恰当的终止参数 ε 至关重要。

实验选取 60% 的 Chess 数据集作为训练样本，余下的数据作为测试样本。终止参数 ε 在网格 $\{10^{-2}, 10^{-3}, 10^{-4}, 10^{-5}, 10^{-6}, 10^{-7}\}$ 中搜索选取。实验结果如图 3.5 所示，图 3.5（b）训练时间单位为秒（s）。

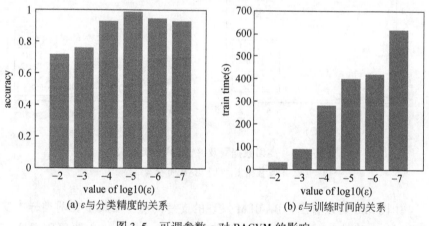

(a) ε 与分类精度的关系　　　　　(b) ε 与训练时间的关系

图 3.5　可调参数 ε 对 BACVM 的影响

由图 3.5 可以看出：终止参数 ε 不仅影响到算法的分类精度，而且影响到样本的训练时间。不失一般性，选取 $\varepsilon = 10^{-6}$。

（二）中小规模数据集上的实验

BAMLM 在中小规模数据集上的实验包括两部分：人工数据集和 UCI 数据集。

1. 人工数据集

(1) 高斯数据集

人工构造一个二维高斯数据集如图 3.6（a）所示，两类各有 50 个样本且两类样本无交叉。实验选取高斯核函数的方差 $\delta=10$，可调参数 $\nu=1$，惩罚因子 $C=0.1$。在图 3.6 中，Train1 和 Train2 分别代表两类的训练样本；Test1 和 Test2 分别代表两类的测试样本；分类点（classified point）用 CP 表示；支持向量（support vectors）用 SVs 表示；样本错分点（misclassified points）用 MPs 表示。BAMLM 的分类结果如图 3.6（b）所示。

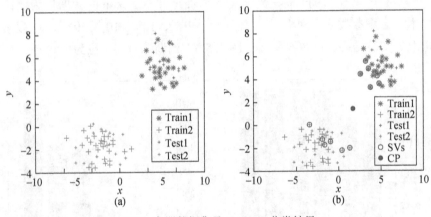

图 3.6　高斯数据集及 BAMLM 分类结果：
（a）高斯数据集；（b）BAMLM 分类结果

由图 3.6 可以看出：BAMLM 发现的支持向量主要集中在两类样本交界附近。这些支持向量对 BAMLM 分类精度影响较大，主要原因是它们直接关系到分类夹角的确定。

(2) 香蕉型数据集

人工构造一个二维香蕉型数据集如图 3.7（a）所示，该数据集第一类（Class1）有 52 个样本，第二类（Class2）有 53 个样本。实验选取高斯核函数方差 $\delta=1$。C-SVC、ν-SVC 以及 BAMLM 的分类结果如图 3.7（b）-(d) 及表 3.1 所示。

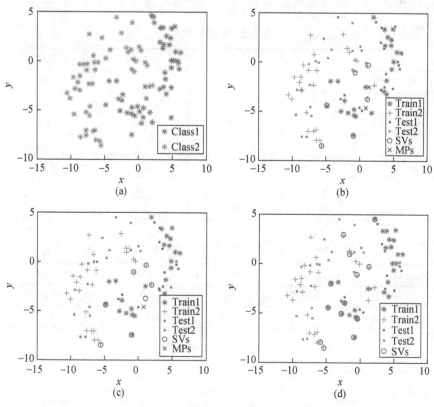

图 3.7　香蕉型数据集及三种算法分类结果

（a）香蕉型数据集；（b）C-SVC；（c）ν-SVC；（d）BAMLM

表 3.1　三种算法参数选取及分类结果（香蕉型数据集）

算法	Parameters	Accurancy
C-SVC	$C=10$	95.5%
ν-SVC	$\nu=0.2$	97.8%
BAMLM	$C=0.1$，$\nu=0.1$	100%

由图 3.7 及表 3.1 可以看出：BAMLM 的分类精度高于 C-SVC 和 ν-SVC，主要原因是 BAMLM 在两类交界及各类边界均发现支持向量。

2. UCI 数据集

实验数据集见表 3.2，其中#Total 表示样本总数，#Class1 表示第一类的样本数，#Class2 表示第二类的样本数，Dim 表示样本维数。

在取得最佳参数后，依次在实验数据集上运行 C-SVC、SVDD、KNN

以及 BAMLM。实验参数及实验结果依次记录于表 3.2。

表 3.2 实验数据集

Datasets	#Total	#Class1	#Class2	Dim
Wine	125	55	70	13
Iris	100	50	50	4
Liver	345	145	200	4
Heart	190	145	45	13
Spectf	225	190	35	44
Glass	145	70	75	9
Pima	765	265	500	8

表 3.3 C-SVC、SVDD、KNN、BAMLM 分类结果

Datasets	C-SVC	SVDD	KNN	BAMLM
Wine	$C=0.01$ $\delta=\bar{x}/2\sqrt{2}$	$\delta=\bar{x}/2\sqrt{2}$	$K=9$	$C=1$ $\delta=\sqrt{2}\bar{x}$
	91.7%	93.1%	96.3%	96.7%
Iris	$C=0.01$ $\delta=2\sqrt{2}\bar{x}$	$\delta=\sqrt{2}\bar{x}$	$K=7$	$C=5$ $\delta=\bar{x}/2$
	78.1%	81.1%	67.1%	81.7%
Liver	$C=1$ $\delta=\bar{x}/2$	$\delta=\bar{x}$	$K=7$	$C=1$ $\delta=2\bar{x}$
	66.0%	70.4%	92.0%	73.8%
Heart	$C=0.5$ $\delta=\bar{x}/\sqrt{2}$	$\delta=\bar{x}/2\sqrt{2}$	$K=3$	$C=0.1$ $\delta=\bar{x}/2\sqrt{2}$
	63.2%	71.1%	56.8%	59.2%
Spectf	$C=0.01$ $\delta=\bar{x}/2\sqrt{2}$	$\delta=\bar{x}/2\sqrt{2}$	$K=7$	$C=1$ $\delta=\bar{x}/2\sqrt{2}$
	66.2%	77.0%	66.5%	66.5%
Glass	$C=0.01$ $\delta=2\sqrt{2}\bar{x}$	$\delta=\sqrt{2}\bar{x}$	$K=7$	$C=5$ $\delta=\bar{x}/2$
	78.1%	81.1%	67.1%	81.7%
Pima	$C=1$ $\delta=\bar{x}/2$	$\delta=\bar{x}$	$K=7$	$C=1$ $\delta=2\bar{x}$
	66.0%	70.4%	92.0%	73.8%

由表 3.3 可以看出：在 Wine、Liver、Heart 数据集上 BAMLM 的分类精度好于 C-SVC、SVDD 和 KNN；在 Pima 数据集上 C-SVC、SVDD、KNN 和 BAMLM 分类精度相当；在 Spectf 数据集上 BAMLM 分类精度低于 KNN，但高于 C-SVC 和 SVDD；在 Glass 数据集上 BAMLM 分类精度略低于 C-SVC 和 SVDD，但高于 KNN；在 Pima 数据集上 BAMLM 与 SVC 和 KNN 分类精度基本相当，但低于 SVDD。由此可见，BAMLM 在 UCI 数据

集上具有较好的分类效果。

（三）中大规模数据集上的实验

实验数据集见表 3.4。数据集 Forest 下载于 www/cse. ust. hk/¬ ivor/ cvm. html；数据集 Chess、Contraceptive、Magic 均下载于 www. ics. uci. edu/ ~mlearn/ MLRepository. html；Checkboard 为人工数据集（图 3.8）。

表 3.4　中大规模数据集

Datasets	#Total	#Class1	#Class2	Dim
Chess	3196	2294	904	37
Contraceptive	1140	629	511	10
Magic	19020	12332	6688	11
Checkboard	450000	250000	200000	2
Forest	58102	28329	29773	54

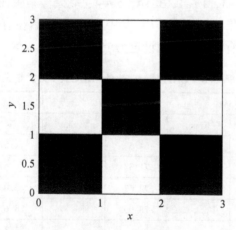

图 3.8　Checkboard 数据集

1. BACVM 分类性能

实验参数通过对 CVM 得到的核心集作 5 倍交叉验证获得。实验结果分别记录于表 3.5。表 3.5 中"%"表示分类精度，"Time"表示训练时间，单位为秒（s）。

表 3.5　BACVM 分类结果

Train Size	Chess		Contraceptive		Magic		Checkboard		Forest	
	%	Time	%	Time	%	Time	%	Time	%	Time
20%	81.0	138.4	88.0	15.7	75.6	262.3	88.4	257.9	92.2	332.8
40%	95.1	193.0	89.6	25.3	93.2	407.8	93.2	311.4	99.2	286.4
60%	100	419.8	90.4	38.9	94.6	721.9	96.2	556.8	98.6	323.4
80%	100	477.6	91.0	82.1	97.6	765.7	97.4	846.3	99.0	479.2

由表 3.5 看出：随着训练样本规模扩大，BACVM 分类精度呈上升趋势，但训练时间并未迅速增加。由此可见，BACVM 能在较短时间内解决大规模样本分类问题。

2. 对比实验

通过与 C-SVC、ν-SVC 比较，验证 BACVM 在大规模数据集上的有效性。实验数据集为 Forest，训练样本规模依次取 1e+2，3e+2，5e+2，1e+3，3e+3，5e+3，1e+4，3e+4，5e+4，剩余样本中任取 500 个作为测试样本。实验结果记录于表 3.6，其中"--"表示在有限时间内（鉴于实验样本规模，有限时间上限设定为 1500s）无法求解。

表 3.6　C-SVC、ν-SVC、BACVM 分类结果

Train Size	C-SVC		ν-SVC		BACVM	
	%	Time	%	Time	%	Time
1e+2	66.00	0.75	64.67	0.48	74.67	1.99
3e+2	70.67	12.54	71.33	12.02	76.67	12.06
5e+2	72.67	77.72	78.67	68.50	82.00	32.64
1e+3	77.21	1222.10	78.00	881.37	88.67	104.17
3e+3	—	—	—	—	91.33	122.64
5e+3	—	—	—	—	93.33	144.14
1e+4	—	—	—	—	94.67	149.41
3e+4	—	—	—	—	96.00	219.60
5e+4	—	—	—	—	97.33	211.05

由表 3.6 可以看出：当样本规模在 1000 以内时，三种算法均可在有限时间内获得分类结果，BACVM 分类精度优于 C-SVC 和 ν-SVC，但 BACVM 的训练时间远小于 C-SVC 和 ν-SVC；当样本规模上升至 3000 及

以上时，C-SVC 和 ν-SVC 无法在有限时间内获得分类结果，但 BACVM 仍可较快地获得分类结果，且分类精度良好。由此可见，BACVM 在解决大规模样本分类问题上的有效性是传统方法所不具备的。

第三节 基于空间点的最大间隔模糊分类器

前面章节介绍了常见的基于边界的分类方法：SVM、SVDD、MVEE、KMVCE 等，并提出基于光束角思想的最大间隔学习机 BAMLM 以及基于核向量机 CVM 的 BACVM。上述方法在分类决策时认为所有样本具有相同的作用。然而，当训练样本中含有噪声点和孤立点时，上述方法的分类性能受到很大影响。基于上述分析，提出基于空间点的最大间隔模糊分类器（maximum-margin fuzzy classifier based on spatial point，MFC），该方法试图在模式空间中找到一个模糊分类点将两类样本分开。模糊技术的引入保证 MFC 分类时对样本区别对待，减小或消除奇异点的影响，有效提高了分类效率。MFC 具有如下优势：①优良的分类性能；②同时解决二类分类问题和单类分类问题；③良好的抗噪能力。

一、模糊理论

模糊理论是一种处理不精确性和不确定性信息的理论工具。采用模糊技术进行模式识别时，某特征属于某集合的程度由 0 与 1 之间的隶属度来描述。把一个具体的元素映射到一个合适的隶属度由隶属度函数实现。常见的隶属度函数有：

（一）基于距离的隶属度函数

基于距离的隶属度[112]用样本到类中心之间的距离来衡量样本对所在类的贡献。设类中心为 $\bar{x}$，样本点为 x_i，类半径为 R，则 $R = \max\limits_{i} \| x_i - \bar{x} \|$。类中各样本的隶属度函数为

$$s(x_i) = 1 - \frac{\| x_i - \bar{x} \|}{R} + \delta$$

其中 δ 为很小的正数，它保证 $s(x_i) > 0$。

（二）基于紧密度的隶属度函数

基于紧密度的隶属度确定方法[113]在确定样本的隶属度时，既要考虑

样本到所在类中心的距离，还要考虑样本与类中其他样本的关系，而样本与类中其他样本之间的关系通过类中样本的紧密度来反映。设正类中心为 $\bar{x}_+$，负类中心为 $\bar{x}_-$，正、负类的半径分别为 $R_+ = \max_i \| x_i - \bar{x}_+ \|$，$R_- = \max_i \| x_i - \bar{x}_- \|$，两类中心的距离为 $T = \| \bar{x}_+ - \bar{x}_- \|$，则每个正类样本到正类中心的距离为 $d_i^+ = \| x_i - \bar{x}_+ \|$，每个负类到负类中心的距离为 $d_i^- = \| x_i - \bar{x}_- \|$；$\varepsilon$ 为半径控制因子，满足 $\varepsilon > 0$，有 $T\varepsilon < R_+$ 和 $T\varepsilon < R_-$。则隶属度函数定义为

$$s_i^+ = \begin{cases} \dfrac{\delta + D_i^+}{R_+} & D_i^+ \leq T\varepsilon \\ \delta & D_i^+ > T\varepsilon \end{cases} \qquad s_i^- = \begin{cases} \dfrac{\delta + D_i^-}{R_+} & D_i^- \leq T\varepsilon \\ \delta & D_i^- > T\varepsilon \end{cases}$$

其中 δ 为很小的正数，它保证 $s_i > 0$。

二、最大间隔模糊分类器 MFC

MFC 最初是针对二分类问题提出的，但将 MFC 分别经过对偶变换、核变换后得到的核化对偶式等价于 MEB 问题，表明 MFC 也可解决单分类问题。本节算法整体结构如图 3.9 所示：

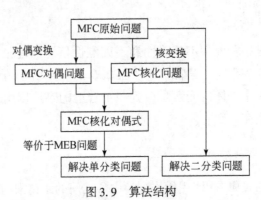

图 3.9　算法结构

（一）原始优化问题

MFC 的目标是在模式空间找到一个模糊分类点 c，确保两类分开且两类间隔最大。该优化问题可描述为

$$\min_{c, \rho, \xi_i} \frac{1}{N} \sum_{i=1}^{N} \| x_i - c \|^2 - \nu\rho + C \sum_{i=1}^{N} s_i\xi_i \qquad (3.3.1)$$

$$\text{s. t } y_i \frac{x_i^T c}{\| x_i \| \| c \|} \geq \rho - \xi_i \qquad (3.3.2)$$

$$\xi_i \geq 0 \quad i = 1, \cdots, N \tag{3.3.3}$$

其中 c 为分类点；ρ 表示样本与分类点夹角距离意义上的间隔，称为"类间夹角间隔"；ν 为可调参数且满足 $\nu > 0$；C 为惩罚因子，用于控制对错分样本惩罚的程度；s_i 为模糊隶属度；$x_i^T c / \parallel x_i \parallel \parallel c \parallel$ 表示样本 x_i 与分类点 c 的夹角距离；ξ_i 为松弛因子。

上述优化问题中，$\dfrac{1}{N} \sum\limits_{i=1}^{N} \parallel x_i - c \parallel^2$ 保证样本距离分类点最近，尽量避免奇异点对分类的影响；$-\nu\rho$ 保证类间夹角间隔最大；$C \sum\limits_{i=1}^{N} s_i \xi_i$ 允许存在误差，在一定程度上提高了算法的泛化能力。为了推导方便，将 (3.3.2) 式改为 (3.3.4) 式，则原优化问题转化为

$$\min_{c, \rho, \xi_i} \frac{1}{N} \sum_{i=1}^{N} \parallel x_i - c \parallel^2 - \nu\rho + C \sum_{i=1}^{N} s_i \xi_i$$

$$\text{s. t } y_i x_i^T c \geq \rho - \xi_i \tag{3.3.4}$$

$$\xi_i \geq 0 \quad i = 1, \cdots, N$$

由 Lagrangian 定理可得 MFC 原始优化问题的对偶形式为

$$\max_{\alpha} - \frac{4}{N} \sum_{i=1}^{N} \sum_{j=1}^{N} \alpha_i y_i x_i^T x_j - \sum_{i=1}^{N} \sum_{j=1}^{N} \alpha_i \alpha_j y_i y_j x_i^T x_j \tag{3.3.5}$$

$$\text{s. t } \sum_{i=1}^{N} \alpha_i = \nu \tag{3.3.6}$$

$$0 \leq \alpha_i \leq s_i C \quad i = 1, \cdots, N \tag{3.3.7}$$

（二）核化问题

在非线性情况下，通过一个满足 Mercer 条件的核函数对输入样本进行高维映射，并在高维空间中进行模式分类。非线性 MFC 表示如下：

$$\min_{c, \rho, \xi_i} \frac{1}{N} \sum_{i=1}^{N} \parallel \varphi(x_i) - c \parallel^2 - \nu\rho + C \sum_{i=1}^{N} s_i \xi_i \tag{3.3.8}$$

$$\text{s. t } y_i \varphi(x_i)^T c \geq \rho - \xi_i \tag{3.3.9}$$

$$\xi_i \geq 0 \quad i = 1, \cdots, N$$

其中映射函数 $\varphi: R^d \to R^D (D >> d)$ 将原始样本空间映射到高维特征空间。

非线性 MFC 对偶问题为

$$\max_{\alpha} - \frac{4}{N} \sum_{i=1}^{N} \sum_{j=1}^{N} \alpha_i y_i k(x_i, x_j) - \sum_{i=1}^{N} \sum_{j=1}^{N} \alpha_i \alpha_j y_i y_j k(x_i, x_j)$$

$$\tag{3.3.10}$$

$$\text{s. t} \sum_{i=1}^{N} \alpha_i = \nu$$

$$0 \leqslant \alpha_i \leqslant s_i C \quad i = 1, \cdots, N$$

其中核函数 $k(x_i, x_j) = \varphi(x_i)^T \varphi(x_j)$。

(三) 类间夹角间隔 ρ 的求解

由 KKT 条件可知：对于支持向量，(3.3.9) 式等号成立，即

$$\rho = y_i \varphi(x_i)^T c + \xi_i \tag{3.3.11}$$

设支持向量集为 $S = \{x_i \mid \alpha_i > 0, \ i = 1, \cdots, N\}$。将每个 $x_i \in S$ 代入 (3.3.11) 式并求平均可得类间夹角间隔 ρ：

$$\rho = \frac{1}{|S|} \sum_{x_i \in S} y_i \sum_{i=1}^{N} \left(\frac{1}{N} + \frac{1}{2} \alpha_i y_i \right) k(x_i, x_j) + \xi_i$$

(四) 决策函数

MFC 的决策函数如下：

$$f(x) = \operatorname{sgn}(\varphi(x)^T c - \rho)$$
$$= \operatorname{sgn}\left(\sum_{i=1}^{N} \left(\frac{1}{N} + \frac{1}{2} \alpha_i y_i \right) k(x_i, x) - \rho \right)$$

若 $f(x) > 0$ 则 x 属于第一类；若 $f(x) < 0$ 则 x 属于第二类。将上述决策函数称为"夹角差决策函数"。

(五) 单类问题

令 $\beta_i = \frac{1}{\nu} \alpha_i$ 并将其带入非线性 MFC 对偶式中，可得：

$$\max_{\beta} \beta^T (\operatorname{diag}(\mathbf{K}) + \Delta - \eta \mathbf{1}) - \beta^T \mathbf{K} \beta$$

$$\text{s. t} \ \beta^T \mathbf{1} = 1$$

$$\beta \geqslant 0 \tag{3.3.12}$$

其中 $\beta = [\beta_1, \cdots, \beta_N]^T$，$\mathbf{0} = [0, \cdots, 0]^T$，$\mathbf{1} = [1, \cdots, 1]^T$，$\mathbf{K} = [y_i y_j k(x_i, x_j)]$，$\Delta = -\operatorname{diag}(\mathbf{K}) - \frac{4}{N\nu} y_i \sum_{j=1}^{N} k(x_i, x_j) + \eta \mathbf{1}$。

当 η 取值足够大时，总能保证 $\Delta \geqslant 0$，则 MFC 等价于 MEB 问题，这说明 MFC 可解决单类问题。

三、理论分析

（一）可调参数ν性质

性质3.1：用 MFC 对样本进行分类，若所得的类间夹角间隔 $\rho^* > 0$，则有

①若记错分样本数为 p，则 $\nu \geq ps(x_i)C$ ；

②若记支持向量数为 q，则 $\nu \leq qs(x_i)C$ 。

证明：

①由于错分样本 x_i 对应的松弛因子 $\varepsilon_i^* > 0$，有 $\alpha_i^* = s(x_i)C$ ，因此有

$$\nu = \sum_{i=1}^{N} \alpha_i^* \geq ps(x_i)C$$

②由于支持向量 x_i 对应的 $\alpha_i^* > 0$，由约束条件（3.3.6）式可知 $\nu = \sum_{i=1}^{N} \alpha_i^* \leq qs(x_i)C$ 。

上述性质说明可调参数 ν 具有边界性，这为 ν 值的选取提供了重要依据。

（二）单类问题

定理3.2：非线性 MFC 等价于 MEB 问题。

证明：令 $\beta_i = \dfrac{1}{\nu}\alpha_i$ 并将其带入非线性 MFC 对偶式有

$$\max_{\beta} \sum_{i=1}^{N} \sum_{j=1}^{N} \beta_i y_i \frac{-4}{N\nu} k(x_i, x_j) - \sum_{i=1}^{N} \sum_{j=1}^{N} \beta_i \beta_j y_i y_j k(x_i, x_j)$$

$$\text{s.t } \sum_{i=1}^{N} \beta_i = 1$$

$$0 \leq \beta_i \leq \frac{s_i C}{\nu} \quad i = 1, \cdots, N \tag{3.3.13}$$

上式等价于：

$$\max_{\beta} \beta^T (\operatorname{diag}(\mathbf{K}) + \Delta - \eta \mathbf{1}) - \beta^T \mathbf{K} \beta$$

$$\text{s.t } \quad \beta^T \mathbf{1} = 1$$

$$\beta \geq \mathbf{0} \tag{3.3.14}$$

其中 $\boldsymbol{\beta} = [\beta_1, \cdots, \beta_N]^T$, $\mathbf{0} = [0, \cdots, 0]^T$, $\mathbf{1} = [1, \cdots, 1]^T$, $\mathbf{K} =$

$\left[y_i y_j k(x_i,\ x_j) \right]$, $\varDelta = -\operatorname{diag}(\mathbf{K}) - \dfrac{4}{N\nu} y_i \displaystyle\sum_{j=1}^{N} k(x_i,\ x_j) + \eta\mathbf{1}$。为了推导方便，特将（3.3.13）式写成（3.3.14）式。当 η 取值足够大时，总能保证 $\varDelta \geqslant 0$，则 MFC 等价于 MEB 问题，这说明 MFC 可解决单类问题。

四、实验分析

通过与 C-SVC、ν-SVC、KNN 等主流分类器比较，验证 MFC 的有效性。实验环境为 3GHz Pentium4 CPU、256M RAM、Windows XP 及 Matlab7.0。实验选取的核函数为高斯核函数：

$$k(x_i,\ x_j) = \exp(-\parallel x_i - x_j \parallel^2 / 2\delta^2)$$

（一）实验参数设置

目前参数选择的主流方法有：单一验证估计、留一法、k 倍交叉验证法以及基于样本相似度的方法等。采用 5 倍交叉验证获取实验参数。

参数通过网格搜索策略选择。高斯核函数的方差 δ 在网格 $\{\bar{x}/2\sqrt{2}$，$\bar{x}/2$，$\bar{x}/\sqrt{2}$，$\bar{x}$，$\sqrt{2}\bar{x}$，$2\bar{x}$，$2\sqrt{2}\bar{x}\}$ 中搜索选取，其中 $\bar{x}$ 为训练样本平均范数的平方根；C-SVC 中，惩罚因子 C 在网格 $\{0.01,\ 0.05,\ 0.1,\ 0.5,\ 1,\ 5,\ 10\}$ 中搜索选取；ν-SVC 中参数 ν 在网格 $\{0.1,\ 0.5,\ 1,\ 5,\ 10\}$ 中搜索选取；KNN 中参数 K 在网格 $\{1,\ 3,\ 5,\ 7,\ 9\}$ 中搜索选取；MFC 中可调参数 ν 在网格 $\{0.1,\ 0.5,\ 1,\ 5,\ 10\}$ 中搜索选取，惩罚因子 C 在网格 $\{0.1,\ 0.5,\ 1,\ 5,\ 10\}$ 中搜索选取。

（二）二类样本分类

为了验证 MFC 二类样本分类的有效性，选择 UCI 数据集作为实验数据集（见表 3.7）。表 3.7 中 #Total 表示样本总数，#Class1 表示第一类的样本数，#Class2 表示第二类的样本数，Dim 表示样本维数。

通过 5 倍交叉验证取得最佳参数后，依次在实验数据集上运行 C-SVC、ν-SVC、KNN 以及 MFC。MFC 分别取基于距离的隶属度函数和基于紧密度的隶属度函数，得到 MFCD 和 MFCC。实验参数及实验结果依次记录于表 3.8 和表 3.9。

表 3.7　二类模式分类实验数据集

Datasets	#Total	#Class1	#Class2	Dim
Wine	125	55	70	13
Iris	100	50	50	4
Liver	345	145	200	4
Heart	190	145	45	13
Spectf	225	190	35	44
Ecoli	125	75	50	7
Glass	145	70	75	9
Pima	765	265	500	8

表 3.8　二类模式分类实验参数

Datasets	C-SVC	ν-SVC	KNN	MFCD	MFCC
Wine	$C=0.01\ \delta=\bar{x}/2\sqrt{2}$	$\nu=0.1\ \delta=\bar{x}/2\sqrt{2}$	$K=9$	$C=0.5\ \nu=5\ \delta=\bar{x}$	$C=0.5\ \nu=5\ \delta=\sqrt{2}\bar{x}$
Liver	$C=0.01\ \delta=\sqrt{2}\bar{x}$	$\nu=0.5\ \delta=\sqrt{2}\bar{x}$	$K=3$	$C=0.1\ \nu=1\ \delta=\bar{x}/\sqrt{2}$	$C=0.1\ \nu=5\ \delta=2\sqrt{2}\bar{x}$
Heart	$C=0.01\ \delta=2\sqrt{2}\bar{x}$	$\nu=0.1\ \delta=\bar{x}/2\sqrt{2}$	$K=7$	$C=5\ \nu=0.1\ \delta=2\sqrt{2}\bar{x}$	$C=0.1\ \nu=1\ \delta=2\sqrt{2}\bar{x}$
Spectf	$C=1\ \delta=\bar{x}/2$	$\nu=0.1\ \delta=\bar{x}/2$	$K=7$	$C=1\ \nu=0.5\ \delta=\sqrt{2}\bar{x}$	$C=0.1\ \nu=10\ \delta=2\sqrt{2}\bar{x}$
Ecoli	$C=0.01\ \delta=2\sqrt{2}\bar{x}$	$\nu=0.1\ \delta=2\sqrt{2}\bar{x}$	$K=7$	$C=5\ \nu=5\ \delta=2\sqrt{2}\bar{x}$	$C=5\ \nu=1\ \delta=2\sqrt{2}\bar{x}$
Glass	$C=0.5\ \delta=\bar{x}/\sqrt{2}$	$\nu=0.1\ \delta=\bar{x}/2$	$K=3$	$C=0.1\ \nu=5\ \delta=\bar{x}/2\sqrt{2}$	$C=0.1\ \nu=5\ \delta=\bar{x}/\sqrt{2}$
Pima	$C=0.01\ \delta=\bar{x}/2\sqrt{2}$	$\nu=0.1\ \delta=\bar{x}/2$	$K=7$	$C=0.1\ \nu=1\ \delta=\bar{x}/\sqrt{2}$	$C=0.1\ \nu=5\ \delta=\bar{x}$

表 3.9　二类样本分类结果（%）

Datasets	C-SVC	ν-SVC	KNN	MFCD	MFCC
Wine	91.7	93.3	96.3	95.0	98.3
Liver	63.5	65.9	62.4	73.5	68.8
Heart	78.1	75.6	67.1	88.8	88.8
Spectf	66.0	66.3	92.0	94.6	91.9
Ecoli	91.7	91.7	88.3	91.9	93.3
Glass	63.2	61.8	56.8	68.6	62.7
Pima	66.2	67.3	66.5	71.8	64.7

　　由表 3.9 可以看出：在 Liver、Spectf、Glass、Pima 数据集上，MFCD 具有最优的分类精度；在 Wine、Ecoli 数据集上 MFCC 具有最优的分类精度；在 Heart 数据集上，MFCD 和 MFCC 具有相同的分类精度且优于其他三种方法。综上，对于二类样本分类问题，MFC 具有优于 C-SVC、ν-SVC 和 KNN 等方法的分类性能。

(三) 单类样本分类

为了验证 MFC 单类样本分类的有效性，选取 5 个 UCI 数据集作为实验数据集（见表 3. 10）。表 3. 10 中#Normal 表示健康、正常或良性的样本数，#Abnormal 表示疾病、异常或恶性的样本数。

表 3. 10　单类样本分类实验数据集

Datasets	#Normal	#Abnormal	Dim
Balance	288	30	4
Haberman	225	15	4
Abalone	689	30	8
Hayesroth	51	10	5
Iorosphere	165	25	34

通过 5 倍交叉验证取得最佳参数后，依次在实验数据集上运行 SVDD、OCSVM 以及 MFC。MFC 选取基于距离的隶属度函数。实验参数及实验结果依次记录于表 3. 11 和表 3. 12。

表 3. 11　单类样本分类实验参数

Datasets	SVDD	OCSVM	MFCD		
Balance	$\delta=\bar{x}/2\sqrt{2}$	$\delta=2\sqrt{2}\bar{x}$	$C=5$	$\nu=5$	$\delta=\bar{x}/\sqrt{2}$
Haberman	$\delta=\bar{x}/2\sqrt{2}$	$\delta=\bar{x}$	$C=5$	$\nu=5$	$\delta=\bar{x}/2\sqrt{2}$
Abalone	$\delta=\bar{x}/2\sqrt{2}$	$\delta=\bar{x}$	$C=0.5$	$\nu=0.1$	$\delta=\bar{x}/2\sqrt{2}$
Hayesroth	$\delta=\bar{x}/2$	$\delta=\bar{x}/2$	$C=0.5$	$\nu=0.1$	$\delta=\bar{x}/2\sqrt{2}$
Iorosphere	$\delta=\bar{x}$	$\delta=\bar{x}$	$C=0.5$	$\nu=1$	$\delta=2\bar{x}$

表 3. 12　单类样本分类结果（%）

Datasets	SVDD	OCSVM	MFCD
Balance	89. 8	91. 8	93. 9
Haberman	86. 3	86. 3	98. 8
Abalone	75. 9	68. 3	76. 9
Hayesroth	85. 7	92. 9	92. 9
Iorosphere	80. 0	75. 0	85. 0

由表 3. 12 可以看出：在 Balance、Haberman、Abalone、Iorosphere 数据集上，MFCD 具有最优的分类精度；在 Hayesroth 数据集上 MFCD 与

OCSVM 具有相同的分类精度且优于 SVDD。综上，对于单类样本分类问题，MFC 具有优于或相当于 SVDD 和 OCSVM 等方法的分类性能。

(四) 抗噪性实验

为了验证 MFC 抗噪能力，人工生成 100 个高斯数据（中心在（3，3），标准差为2）并随机产生 10 个噪声数据。实验数据如图 3.10 所示。实验参数及实验结果记录于表 3.13。

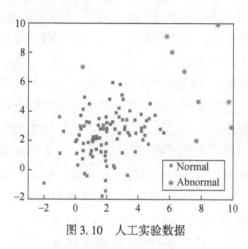

图 3.10 人工实验数据

表 3.13 抗噪性能实验结果

算法	Parameters	Accurancy（%）
MFCD	$C=0.5$ $\nu=1$ $\delta=\bar{x}$	97.0
MFCC	$C=1$ $\nu=5$ $\delta=\bar{x}/\sqrt{2}$	100

由表 3.13 可以看出：在存在噪声的情况下，MFC 仍具有较高的分类精度，这说明 MFC 具有良好的抗噪性。

第四节 基于分类超平面的非线性集成学习机

支持向量机建立在统计学习 VC 维理论和结构风险最小原理基础上，成功地将最大分类间隔思想和基于核的方法结合在一起。随着人们对支持向量机隐私保护问题和大规模数据分类问题的日益重视，越来越多的人致力于隐私保护支持向量机和大规模数据分类方法的研究，并取得了一些成果。

隐私保护支持向量机主要从数据水平分布和垂直分布两方面进行研究。在水平分布数据隐私保护方面，Yu 等通过计算集合交的势求得布尔向量的内积和支持向量机的核函数，最终得到所有数据建立的隐私保护支持向量机[114]；Mangasarian 等将简约支持向量机 RSVM[115,116]引入隐私保护支持向量机，通过构造所有数据的简约核矩阵，进而求得隐私保护支持向量机[117]；在垂直分布数据隐私保护方面，Yu 等将求解垂直分布数据的整体核函数问题分解为求解各部分数据核函数问题，在不泄露信息前提下得到所有数据建立的支持向量机[118]；Mangasarian 等亦将简约支持向量机引入隐私保护支持向量机，通过对所有站点的核矩阵相加求和得到隐私保护支持向量机[119]。

对大规模数据进行分类通常有两种方法：一是开发复杂度较低的算法。一般情况下，当算法的时间与空间复杂度与数据规模呈线性关系时，算法适合处理大规模数据；二是对原数据集进行压缩或采样，在尽量不影响分类效果的前提下获得原数据集的子集。过去的十余年产生了众多卓有成效的研究成果，如 Tsang 等提出基于核心集的快速学习方法[120]；Deng 等提出基于核密度估计和 1 - 型模糊逻辑网络的学习方法[121]；Huang 等提出基于潜隐层前馈神经网络的学习方法[122]。

基于上述分析，提出基于分类超平面的非线性集成学习机（nonlinearly assembling learning machine based on separating hyperplane, NALM）。该方法不仅继承了分类超平面的优点，而且还将分类超平面的适用范围从小规模数据扩展到中大规模数据，从线性空间推广到 Hilbert 核空间。

一、算法描述

受管理学中协同管理的启发，在分类超平面的基础上提出基于分类超平面的非线性集成学习机 NALM。在管理学领域，协同是指协调两个或者多个资源或个体，共同完成某一目标的过程。协同反映了元素与系统的关联程度。系统内各元素通力配合，可形成远远大于原各元素功能总和的新功能。将上述思想运用于大规模数据分类，可以得出如下结论：将大规模数据分成规模较小的子集，然后分别在子集上运行已有的分类方法，最后将各子集上的分类结果进行集成得到最终的决策函数。

基于上述分析，提出基于分类超平面的非线性集成学习机 NALM。其算法描述如下：

Step1：将数据集 D 分为 M 个子集 $\{D_1，D_2，\cdots，D_M\}$ 并在每个数据子集 D_i（$i=1，2，\cdots，M$）上分别用 SH 算法得到相应的决策函数$f_i(x)$；

Step2：通过非线性函数将上述决策函数 $f_i(x)$ 集成，得到最终的决策函数 $f(x)$。

NALM 的工作原理如图 3.11 所示。

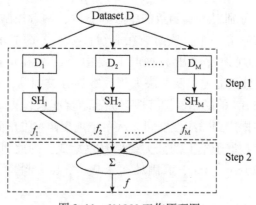

图 3.11　NALM 工作原理图

由 NALM 的工作原理可以看出：Step1 不仅能最大限度地发挥 SH 在中小数据集上的优势，而且还能充分利用 SH 的一些重要性质，如 NALM 的 VC 维小于等于 9，该性质从理论上保证 NALM 对大规模样本分类的有效性；Step2 通过非线性函数集成的方法将 SH 从原始线性空间推广到非线性空间，有效地扩大了 NALM 的适用范围。

二、数据集划分方法

为了使数据子集保持原数据集的分布性状，同时避免引入"数据不平衡"问题，采用"随机等分法"对数据集进行划分。假设两类样本数分别为 n_+ 和 n_-，则两类样本数之比 $p=n_+/n_-$。若将两类样本组成的集合 T 等分成 M 份，则每个子集的规模为 $s=[n_++n_-/M]$，其中 $[\bullet]$ 表示取整。随机等分法要求每个子集中的样本从集合 T 中随机选取，各子集满足两类样本数之比及子集规模分别等于 p 和 s 且各子集无交集。这样，在一定程度上避免数据子集出现只有一类数据或一类数据过多而另一类过少等"数据不平衡"问题。

三、非线性集成方法

SH 作为一种线性方法，无法解决非线性分类问题，而且当面对大规模数据时，由于时空复杂度过大而无法求解。NALM 试图通过数据集划分以及非线性集成两步解决大规模数据分类问题。其中，非线性集成函数的选取至关重要。

径向基函数（radial based function，RBF）是一种常见的核函数，其表达式为：

$$k(x, \mu) = \exp(- \parallel x - \mu \parallel^2 / h)$$

其中参数 μ 和 h 分别表示基函数的中心和宽度，两者控制了函数的径向作用范围。在实际应用中，该函数在非线性分类方面显示出一定优势。此外，该函数直观地反映出数据与其类中心间的相似度。为了提高 NALM 的非线性分类能力以及解决大规模数据分类问题，将 RBF 核函数的非线性特性和 SH 的隐私保护特性有机地结合起来，从而将 SH 的适用范围从线性空间推广到非线性空间，从中小规模样本推广到大规模样本。同时，为了将各数据子集上的分类结果有效集成，因此引入非线性输出权重 $\alpha_i(i = 1, 2, \cdots, M)$，其满足 $\alpha_i \geq 0$。综上，非线性集成函数可表示为：

$$f(x) = \sum_{i=1}^{M} \alpha_i \exp(- \parallel x - \mu_i \parallel^2 / h)(w_i^T x - b_i) \qquad (3.4.1)$$

其中，径向基核函数中的参数 μ_i 通过求解各数据子集的中心获得；参数 h 通过网格搜索获得。由"数据集划分方法"可知：各数据子集的分布性状近似，因此特别地令 $\alpha_i = 1/M$。为了表述方便，将（3.4.1）式中的径向基核函数称为非线性集成核函数。

四、实验分析

从小规模样本和中大规模样本两方面验证 NALM 的有效性。实验环境为 3GHz Pentium4 CPU、256M RAM、Windows XP 及 Matlab7.0。

（一）实验参数设置

NALM 的分类精度与参数密切相关。随机地将训练样本分为 4 份训练集和 1 份验证集进行 5 倍交叉验证获取实验参数。

参数通过网格搜索策略选择。核宽度参数 h 在网格 $\{s^2/8, s^2/4, s^2/2, s^2, 2s^2, 4s^2, 8s^2\}$ 中搜索选取，其中 s^2 为训练样本平均范数；C-SVC 中，惩罚因子 C 在网格 $\{0.1, 0.5, 1, 5, 10\}$ 中搜索选取。

（二）小规模数据集上的实验

选取 6 个 UCI 数据集作为实验数据集，如表 3.14 所示，其中#Total

表示样本总数，#Class1 表示第一类的样本数，#Class2 表示第二类的样本数，Dim 表示样本维数。将实验数据集等分为 M 个子集，令 $M=5$。

表 3.14 小规模实验数据集

Datasets	#Total	#Class1	#Class2	Dim
Wine	125	55	70	13
Iris	100	50	50	4
Liver	345	145	200	4
Heart	190	145	45	13
Spectf	225	190	35	44
Pima	765	265	500	8

经 5 倍交叉验证取得最佳参数后，依次在实验数据集上运行 C-SVC、SH、和 NALM。实验参数及分类结果依次记录于表 3.15。表 3.15 中，"—"表示无参数。上述分类方法的训练时间记录于表 3.16。表 3.16 中，训练时间的单位为秒（s）。

表 3.15 C-SVC、SH、NALM 在小规模数据集上的分类结果

Datasets	C-SVC	SH	NALM
Wine	$C=0.01\,h=s^2/8$	—	$h=s^2/8$
	91.7%	95.8%	95.8%
Iris	$C=0.01\,h=s^2/8$	—	$h=s^2/8$
	100%	100%	100%
Liver	$C=0.01\,h=2s^2$	—	$h=s^2$
	63.5%	76.2%	78.4%
Heart	$C=0.01\,h=8s^2$	—	$h=s^2/4$
	78.1%	70.3%	79.3%
Spectf	$C=1\,h=s^2/4$	—	$h=s^2/8$
	66.0%	75.8%	71.9%
Pima	$C=0.01\,h=s^2/8$	—	$h=s^2/8$
	66.2%	68.7%	70.0%

由表 3.15 可以看出：在 Liver、Heart、Pima 数据集上 NALM 具有最佳的分类效果；在 Iris 数据集上三种算法分类效果相当；在 Spectf 数据集上 NALM 分类精度略低于 SH，但高于 C-SVC。由此可见，与 C-SVC、SH 相比，NALM 在实验数据集上具有较好的分类效果。

表 3.16　C-SVC、SH、NALM 训练时间

Datasets	C-SVC	SH	NALM
Wine	1. 1406	0. 7344	0. 1563
Iris	0. 7031	0. 2500	0. 3125
Liver	3. 0781	10. 6250	1. 7188
Heart	1. 2500	5. 4219	0. 4688
Spectf	0. 5156	0. 5652	0. 1564
Pima	1. 0234	19. 734	2. 2344
Average	1. 2851	6. 2218	0. 8412

由表 3.16 可以看出：在 Wine、Liver、Heart、Spectf 数据集上 NALM 的训练速度优于 C-SVC 和 SH；在 Iris 数据集上 NALM 的训练速度略低于 SH，但高于 C-SVC；在 Pima 数据集上 NALM 的训练速度略低于 C-SVC，但高于 SH。从平均训练速度看，NALM 好于 C-SVC 和 SH。由此可见，与 C-SVC、SH 相比，NALM 在上述数据集上的训练速度具有一定优势。

（三）中大规模数据集上的实验

为了验证 NALM 在中大规模数据集上的有效性，采用如表 3.17 所示的数据集。数据集 Chess、Contraceptive、Magic 下载于 www. ics. uci. edu/ ~ mlearn/ MLRepository. html；数据集 Forest 下载于 www/cse. ust. hk/ ¬ ivor/cvm. html。

表 3.17　中大规模实验数据集

Datasets	#Total	#Class1	#Class2	Dim
Contraceptive	1140	629	511	10
Chess	3196	2294	904	37
Magic	19020	12332	6688	11
Forest	58102	28329	29773	54

实验随机选取数据集的 70% 作为训练样本，余下的 30% 作为测试样本。将实验数据集等分为 M 份。实验参数通过 5 倍交叉验证获得。实验结果记录于表 3.18。表 3.18 中 M 表示数据子集的个数；"%"表示分类精度；"Time"表示训练时间，单位为秒（s）。

表 3.18　NALM 在中大规模数据集上的分类结果

Datasets	M	%	Time
Contraceptive	10	87.2	3.2500
Chess	30	95.5	9.7813
Magic	100	70.0	38.5630
Forest	500	85.9	220.2200

由表 3.18 可以得出如下结论：从分类精度看，NALM 分类性能优良，能较好地完成分类任务；从训练时间看，随着样本规模的增大，数据子集的划分个数随之增加，但训练速度均保持在理想的范围之内。由此可见，NALM 能有效地解决中大规模样本的分类问题。

此外，由"3.1.2 分类超平面"可知：SH 最大特点是分类超平面仅由三个空间点确定，这在很大程度上避免了信息泄露，保证在分类过程中数据的安全性。由 NALM 的工作原理可知：上述特性在 NALM 中仍适用。

第五节　基于流形判别分析的全局保序学习机

上述分类方法在实际应用中取得良好的分类效果，但它们面临如下挑战：①在分类决策时没有同时考虑样本的全局特征和局部特征；②大多算法仅关注各类样本的可分性，而忽略样本之间的相对关系。如图 3.12，三类样本在 W_1 方向上的投影顺序为 $m_1 m_2 m_3$，而在 W_2 方向上的投影顺序是 $m_2 m_3 m_1$，假设原空间三类样本的相对关系为 $m_1 m_2 m_3$，则 W_1 方向优于 W_2 方向；③无法解决大规模分类问题。鉴于此，提出基于流形判别分析的全局保序学习机（global rank preservation learning machine based on manifold-based discriminant analysis，GRPLM）。该方法通过引入流形判别分析来保持样本的全局和局部特征；在最优化问题的约束条件中增加样本中心相对关系限制保证分类决策时考虑样本的相对关系；通过引入核向量机 CVM 将所提方法适用范围扩展到大规模数据。

本节后续做如下假设：样本集为 $T = \{(x_1, y_1), (x_2, y_2), \cdots, (x_N, y_N)\} \in (X \times Y)^N$，其中 $x_i \in X = R^N$，$y_i \in Y = \{1, 2, \cdots, c\}$，类别数为 c，各类样本数为 N_i（$i=1, 2, \cdots, c$），$\bar{x}$ 为所有样本均值，$\bar{x}_i$ 为第 i 类样本均值。

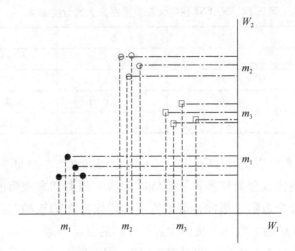

图 3.12　GRPLM 工作原理示意图

一、GRPLM

(一) 最优化问题

GRPLM 利用 SVM 和 MDA 分别在智能分类和特征提取方面的优势,在分类过程中将样本的全局特征和局部特征以及样本之间相对关系考虑在内,在一定程度上提高分类效率。GRPLM 找到的分类超平面具有以下优势:

①通过引入流形判别分析来保持样本的全局特征和局部特征;

②通过最小化基于流形的类内离散度,保证同类样本尽可能紧密;

③通过保持各类样本中心的相对关系不变进而实现保持全体样本的先后顺序不变。

上述思想可表示为如下最优化问题:

$$\min_{W} W^T M_W W - \nu\rho \tag{3.5.1}$$

$$\text{s. t } W^T(m_{i+1} - m_i) \geqslant \rho \, (i = 1, 2, \cdots, c - 1) \tag{3.5.2}$$

其中 W 为分类超平面的法向量, ν 为常数并通过网格搜索策略选择, ρ 为各类样本间隔, $m_i = \dfrac{1}{N_i} \sum\limits_{k=1}^{N_i} x_k \, (i = 1, 2, \cdots, c)$ 为各类样本均值, c 为样本类别数。(3.5.1) 式中, $W^T M_W W$ 表示找到的分类超平面将样本的全局特征和局部特征考虑在内, $\nu\rho$ 的存在保证各类样本的间隔尽可能大,有利于提高分类精度;式 (3.5.2) 表明 GRPLM 在分类决策时保持各类样本的相对关系不变。

上述最优化问题的对偶形式如下:

$$\max_{\alpha} - \sum_{i=1}^{c-1} \sum_{j=1}^{c-1} \alpha_i \alpha_j (m_{i+1} - m_i)^T M_W^{-1} (m_{j+1} - m_j) \quad (3.5.3)$$

$$\text{s. t} \sum_{i=1}^{c-1} \alpha_i = \nu \quad (3.5.4)$$

$$\alpha_i \geq 0 (i = 1, 2, \cdots, c - 1) \quad (3.5.5)$$

(二) 决策函数

GRPLM 的决策函数为:

$$f(x) = \min_{k \in \{1, 2, \cdots, c-1\}} \{k: \boldsymbol{W}^T x < b_k\} \quad (3.5.6)$$

其中 $b_k = \boldsymbol{W}^T (m_{i+1} + m_i)/2$。

(三) 核化形式

假设映射函数 ϕ 满足 $\phi: x \rightarrow \phi(x)$。原最优化问题的核化形式可表示为:

$$\min_{W} \boldsymbol{W}^T \boldsymbol{M}_W^{\phi} \boldsymbol{W} - \nu\rho \quad (3.5.7)$$

$$\text{s. t} \boldsymbol{W}^T (m_{i+1}^{\phi} - m_i^{\phi}) \geq \rho (i = 1, 2, \cdots, c - 1) \quad (3.5.8)$$

其中

$$m_i^{\phi} = \frac{1}{N_i} \sum_{k=1}^{N_i} \phi(x_k) (i = 1, 2, \cdots, c),$$

$$\boldsymbol{M}_W^{\phi} = \mu \boldsymbol{S}_W^{\phi} + (1 - \mu) S_S^{\phi},$$

$$\boldsymbol{S}_W^{\phi} = \sum_{i=1}^{c} \sum_{j=1}^{N_i} N_i (\phi(x_{ij}) - m_i^{\phi}) (\phi(x_{ij}) - m_i^{\phi})^T,$$

$$\boldsymbol{S}_S^{\phi} = \sum_{i, j} (\phi(x_i) S_{ii}^{\phi} \phi(x_i^T) - \phi(x_i) S_{ij}^{\phi} \phi(x_i^T)) = \phi(X)(S'^{\phi} - S^{\phi})\phi(X^T)。$$

其中 S'^{ϕ} 为对角阵且 $S'^{\phi} = \sum_j S_{ij}^{\phi}$，其中 S_{ij}^{ϕ} 为核同类权重函数:

$$S_{ij}^{\phi} = \begin{cases} \exp(- \| \phi(x_i) - \phi(x_j) \|^2), & y_i = y_j \\ 0, & y_i \neq y_j \end{cases}$$

原最优化问题的核化对偶式为:

$$\max_{\alpha} - \sum_{i=1}^{c-1} \sum_{j=1}^{c-1} \alpha_i \alpha_j (m_{i+1}^{\phi} - m_i^{\phi})^T (\boldsymbol{M}_W^{\phi})^{-1} (m_{j+1}^{\phi} - m_j^{\phi})$$

$$\text{s. t} \sum_{i=1}^{c-1} \alpha_i = \nu$$

$$\alpha_i \geq 0 (i = 1, 2, \cdots, c - 1)$$

二、大规模分类

令 $\beta = \alpha/\nu$，GRPLM 的 QP 形式可转化为：

$$\max_{\beta} - \beta^T K \beta \tag{3.5.9}$$
$$\text{s. t } \beta^T \mathbf{1} = 1$$
$$\beta \geq 0$$

其中 $K = \left[(m_{i+1} - m_i)^T M_W^{-1} (m_{i+1} - m_i) \right]$，$\mathbf{1} = [1, \cdots, 1]^T$，$\mathbf{0} = [0, \cdots, 0]^T$。GRPLM 与 MEB 的对偶形式等价，则可利用 CVM 解决大规模分类问题。

GRPLM-CVM 算法描述如下：

参数说明：

$B(c, R)$：球心为 c，半径为 R 的最小包含球；S_t：核心集；t：迭代次数；ε：终止参数。

GRPLM-CVM
Step1：初始化 c_t，R_t，S_t，ε，$t=0$；
Step2：对于 $\forall z$ 有 $\varphi(z) \in B(c_t, (1+\varepsilon)R)$，则转到 **Step6**，否则转到 **Step3**；
Step3：如果 $\varphi(z)$ 距离球心 c_t 最远，则 $S_{t+1} = S_t \cup \{\varphi(z)\}$；
Step4：寻找最新最小包含球 $B(S_{t+1})$，并设置：$c_t = c_{B(S_{t+1})}$，$R_t = R_{B(S_{t+1})}$；
Step5：$t=t+1$ 并转到 **Step2**；
Step6：GRPLM 对核心集 S_t 进行训练并得到如 (3.5.6) 式的决策函数。

三、实验分析

(一) 人工数据集上的实验

人工生成四类服从 Gaussian 分布的数据集，各类样本 50 个，其中心点分别为 (4, 4)、(−3, −3)、(−9, −9)、(−15, −15)，均方差均为 2.5。人工数据集如图 3.13 (a) 所示。将上述数据集投影到 GRPLM 找到的方向向量可得图 3.13 (b)，GRPLM 中参数 ν 选取 1。

由图 3.13 (b) 可以看出：GRPLM 找到的方向向量能较好地保持原始数据的相对关系不变，且具有良好的可分性。

(二) 中小规模数据集上的实验

实验数据集见表 3.19，其中 Instances Number 表示样本数，Class

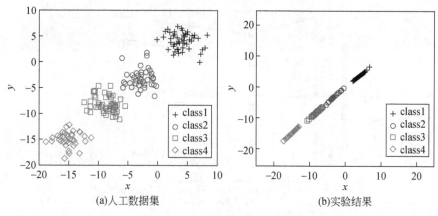

图 3.13　人工数据集及实验结果

Number 表示类别数，Dimensions 表示样本维数。分别选取实验数据集中各类样本的 60% 作为训练样本，剩余样本用作测试。

表 3.19　中小规模数据集

Datasets	Instances Number	Class Number	Dimensions
Wine	178	3	13
Iris	150	3	4
Liver	345	2	7
Glass	270	7	9
Pima	768	2	8

1. 核函数对分类结果的影响

核函数对 GRPLM 的分类结果产生较大影响。实验将常见的核函数，包括 Gaussian 核函数、Polynomial 核函数、Sigmoid 核函数、Epanechnikov 核函数，分别带入 GRPLM 核化形式中来考察 GRPLM 的分类性能。实验结果见图 3.14。

由图 3.14 可以看出：在 Wine、Liver、Glass、Pima 数据集上，选取 Gaussian 核函数的 GRPLM 分类精度最优，选取 Epanechnikov 核函数的 GRPLM 分类精度次之，选取 Sigmoid 核函数和 Polynomial 核函数的 GRPLM 分类精度分别排在后两位；选取 Gaussian 核函数和 Epanechnikov 核函数的 GRPLM 在 Iris 数据集上分类精度相同且均具有最优的分类能力。

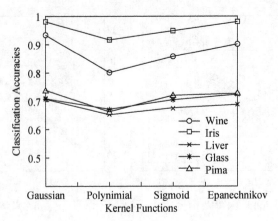

图 3.14　核函数对分类结果的影响

　　后续实验选取核函数的依据是：Sigmoid 核函数在特定参数下与 Gaussian 核函数具有近似性能；Polynomial 核函数参数较多，不易确定，且当阶数较高时运算可能出现溢出；Gaussian 核函数和 Epanechnikov 核函数均为最小均方差意义下的最优核函数。为了计算方便，后续实验选用 Gaussian 核函数。通过合理的参数选择，Gaussian 核函数适用于任意分布的数据。

2. 比较实验

　　将 GRPLM 与多类支持向量机（multi-class support vector machine）以及 K 近邻（K nearest neighbor，KNN）分类算法进行比较实验，本实验 K 取 5。Multi-class SVM 的最优化表达式如下：

$$\min \frac{1}{2} \sum_{m=1}^{c} \parallel \boldsymbol{W}_m \parallel^2 + C \sum_{i=1}^{N} \sum_{m \neq y_i} \xi_i^m$$

$$\text{s. t. } \boldsymbol{W}_{y_i}^T x_i + b_{y_i} \geqslant \boldsymbol{W}_m^T x_i + b_m + 2 - \xi_i^m$$

$$\xi_i^m \geqslant 0 \ (i=1, 2, \cdots, c) \ m, \ y_i \in \{1, 2, \cdots, c\}, \ m \neq y_i$$

　　GRPLM 分类精度与参数选取有关。参数通过网格搜索策略选择。高斯核函数的方差 δ 在网格 $\{\bar{x}/2\sqrt{2}, \ \bar{x}/2, \ \bar{x}/\sqrt{2}, \ \bar{x}, \ \sqrt{2}\bar{x}, \ 2\bar{x}, \ 2\sqrt{2}\bar{x}\}$ 中搜索选取，其中 $\bar{x}$ 为训练样本平均范数的平方根；Multi-class SVM 中，惩罚因子 C 在网格 $\{0.01, 0.05, 0.1, 0.5, 1, 5, 10\}$ 中搜索选取；GRPLM 中，参数 ν 在网格 $\{0.1, 0.5, 1, 5, 10\}$ 中搜索选取。Gaussian 核函数方差 δ、Multi-class SVM 的惩罚因子 C、GRPLM 的参数 ν 均通过 5 倍交叉验证法获得。实验参数和实验结果分别记录于表 3.20 和

表 3.21。

表 3.20 实验参数表

Datasets	Parameters	
	Multi-class SVM	GRPLM
Wine	$C=0.01\delta=\bar{x}/\sqrt{2}$	$\nu=0.1\ \delta=\sqrt{2}\bar{x}$
Iris	$C=0.01\delta=\bar{x}/\sqrt{2}$	$\nu=0.5\ \delta=\bar{x}/2\sqrt{2}$
Liver	$C=0.1\delta=\sqrt{2}\bar{x}$	$\nu=0.1\delta=\bar{x}/2\sqrt{2}$
Glass	$C=0.5\delta=\bar{x}/2$	$\nu=1\delta=\bar{x}/2$
Pima	$C=0.01\delta=\bar{x}/2\sqrt{2}$	$\nu=0.1\delta=\bar{x}/2$

表 3.21 中小规模数据集实验结果

Datasets	Multi-class SVM	KNN	GRPLM
Wine	88.76%	83.10%	93.26%
Iris	98.31%	95.00%	98.31%
Liver	63.77%	65.21%	70.43%
Glass	62.96%	61.11%	70.37%
Pima	66.40%	66.40%	73.57%
Average	76.04%	74.16%	81.19%

由表 3.21 可以看出：从平均分类性能看，与 Multi-class SVM 和 KNN 相比，GRPLM 在 UCI 数据集上具有更优的分类精度。具体而言，在 Wine、Liver、Glass、Pima 数据集上 GRPLM 的分类精度好于 Multi-class SVM 和 KNN；在 Iris 数据集上 GRPLM 和 Multi-class SVM 分类精度相当且略高于 KNN。综上所述，GRPLM 在中小规模数据集上能较好地完成分类任务。

（三）大规模数据集

实验采用 Bank 数据集，60% 的样本用作训练，余下的样本用作测试。终止参数 ε 在网格 $\{10^{-2}, 10^{-3}, 10^{-4}, 10^{-5}, 10^{-6}, 10^{-7}\}$ 中搜索选取。选取不同终止参数时，考察 GRPLM-CVM 的训练时间及识别率变化情况。实验结果如图 3.15 所示。

由图 3.15 可以看出：终止参数 ε 不仅影响到样本的训练时间，而且影响到算法的分类精度。不失一般性，实验选取 $\varepsilon=10^{-6}$。

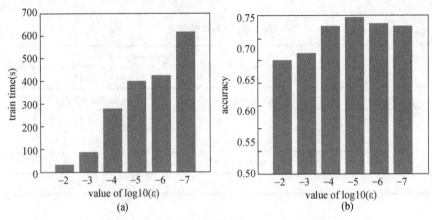

图 3.15　终止参数 ε 对 GRPLM-CVM 的影响

（a）ε 与样本训练时间的关系；（b）ε 与分类精度的关系

（四）GRPLM-CVM 分类性能分析

实验数据集来自文献"Ordinal regression by extended binary classification"。分别取各数据集的 20%、40%、60%、80% 作为训练样本，从剩下样本中任取 500 个作为测试样本。实验结果记录于表 3.22，其中"%"表示分类精度；"Time"表示训练时间，单位为秒（s）。

表 3.22　GRPLM-CVM 分类结果

Train Size	Abalone		Bank		California		Census	
	%	Time	%	Time	%	Time	%	Time
20%	63.46	78.93	67.54	145.53	48.51	235.30	60.03	248.84
40%	72.11	127.65	70.08	255.12	57.32	394.08	62.58	311.47
60%	76.14	160.03	73.66	258.78	62.78	651.90	70.20	506.94
80%	77.87	186.96	78.82	305.13	65.57	705.23	75.44	840.28

由表 3.22 可以看出：随着训练样本规模的增大，GRPLM-CVM 分类精度和训练时间呈上升趋势，即训练样本规模影响 GRPLM-CVM 的分类性能。从分类效果看，GRPLM-CVM 基本上能在有限时间内较好地完成分类任务。

第六节　具有 N-S 磁极效应的最大间隔模糊分类器

近年来，很多分类新方法在进行分类决策时将类间间隔和类内分布性状考虑在内。陶剑文等提出大间隔最小压缩包含球学习机（large margin and minimal reduced enclosing ball，LMMREB），该方法试图寻求两个同心压缩包含球实现类间间隔和类内内聚性的最大化并提高分类性能；刘忠宝等提出基于熵理论和核密度估计的最大间隔学习机（maximum margin learning machine based on entropy concept and kernel density estimation，MLMEK），MLMEK 引入熵和核密度表征分类不确定性和样本分布特征实现分类[123]；Ye 等综合最小包含球和最大间隔思想，提出一种用于新奇检测的小球体和大间隔方法（small sphere large margin，SSLM），SSLM 在高维特征空间中构建最小包含球包围正常样本实现分类；Hao 等提出一种模糊最大间隔球形结构多类支持向量机（fuzzy maximal-margin spherical-structured multi-class support vector machine，MSM-SVM），MSM-SVM 试图构造正负类间隔最大正类体积最小超球体实现分类[124]。

受以上方法启发，在 N-S 磁极效应理论基础上，结合传统 SVM 的大间隔思想，提出一种新颖的具有 N-S 磁极效应的最大间隔模糊分类器（maximum margin fuzzy classifier with N-S magnetic pole，MPMMFC）。MPMMFC 在构建最优决策面时，引入模糊性惩罚参数，减少或降低噪声和野点数据对决策面的影响，进一步提高泛化性能。

一、算法描述

从物理学角度，MPMMFC 可理解为在空间中寻找一个具有磁性的"磁极"分别对两类样本作用，根据样本的磁性不同对两类样本进行分类；从几何角度，MPMMFC 可理解为在空间中寻找一个分类超平面，通过计算样本与超平面的关系判断样本类属。

(一)　线性形式

基于上述分析，MPMMFC 目标是在样本空间中试图构建一个超平面，使得一类样本离超平面尽可能的近，另一类样本离超平面尽可能的远，该优化问题可描述为如下最优化形式：

$$\min_{W, \rho, \xi, b} \frac{1}{2} W^T W - \nu\rho + \frac{1}{\nu_1 m_1} \sum_{i=1}^{m_1} \xi_i s_i + \frac{1}{\nu_2 m_2} \sum_{j=m_1+1}^{N} \xi_j s_j \qquad (3.6.1)$$

$$\text{s. t } W^T x_i + b \leq \xi_i, \ 1 \leq i \leq m_1 \qquad (3.6.2)$$

$$W^T x_j + b \geq \rho - \xi_j, \ m_1 + 1 \leq j \leq N \qquad (3.6.3)$$

$$\xi \geq 0, \ \rho \geq 0, \ \sigma \leq s \leq 1 \qquad (3.6.4)$$

其中，$s_i (1 \leq i \leq N)$ 为模糊隶属度，σ 为任意小的一个正数。ρ 为两类样本间隔。用 $\xi_i s_i$ 代替松弛因子 ξ_i，使不同样本点在分类时起到不同的作用；ν，ν_1，ν_2 为三个正常数；m_1 和 m_2 分别为两类样本数。

上述最优化问题中 $\frac{1}{2} W^T W$ 可以确定 MPMMFC 最优分类面的法向量；$\nu\rho$ 表示两类间隔；$\frac{1}{\nu_1 m_1} \sum_{i=1}^{m_1} \xi_i s_i$ 和 $\frac{1}{\nu_2 m_2} \sum_{j=m_1+1}^{N} \xi_j s_j$ 分别表示具有模糊特性的松弛因子，其中模糊特性通过模糊隶属度函数体现，该模糊特性将不同样本区别对待，松弛因子保证算法具有一定的容错性。

MPMMFC 借鉴 N-S 磁极效应思想进行分类。从 N-S 磁极效应角度看，若将分类超平面看作磁极，则其对第一类吸引，而对第二类排斥。具体而言，在上述优化问题中，约束条件（3.6.2）式和（3.6.3）式分别表示两类样本受到磁场作用而产生的不同反应，即第一类样本距离分类超平面近，而第二类样本远离分类超平面，ρ 保证两类样本具有良好的可分性。

定理 3.3：上述最优化问题的对偶形式表示为

$$\min_{\alpha \in R^d} \frac{1}{2} \sum_{i=1}^{N} \sum_{j=1}^{N} \alpha_i \alpha_j y_i y_j x_i x_j \qquad (3.6.5)$$

$$\text{s. t } 0 \leq \alpha_i \leq \frac{s_i}{\nu_1 m_1}, \ 1 \leq i \leq m_1 \qquad (3.6.6)$$

$$0 \leq \alpha_j \leq \frac{s_j}{\nu_2 m_2}, \ m_1 + 1 \leq j \leq N \qquad (3.6.7)$$

$$\sum_{i=1}^{N} \alpha_i y_i = 0 \qquad (3.6.8)$$

$$\sum_{i=1}^{N} \alpha_i \geq 2\nu \qquad (3.6.9)$$

证明：根据 Lagrangian 定理，上述 MPMMFC 原始问题的 Lagrangian 方程为

$$L(W, \rho, \xi, b, \alpha, \beta, \lambda) = \frac{1}{2}W^T W - \nu\rho + \frac{1}{\nu_1 m_1}\sum_{i=1}^{m_1}\xi_i s_i + \frac{1}{\nu_2 m_2}\sum_{j=m_1+1}^{N}\xi_j s_j +$$

$$\sum_{i=1}^{m_1}\alpha_i(\omega^T x_i + b - \xi_i) - \sum_{j=m_1+1}^{N}\alpha_j(\omega^T x_j + b - \rho + \xi_j) - \sum_{k=1}^{N}\beta_k\xi_k - \lambda\rho$$

$$(3.6.10)$$

其中 $a_i \geqslant 0$, $\beta_k \geqslant 0$, $\lambda \geqslant 0$ 分别为 Lagrangian 乘子, 在 $L(\omega, \rho, \xi, b, \alpha, \beta, \lambda)$ 方程中, 分别对原始变量 W, ρ, ξ, b 求偏导并令各偏导方程为 0, 可得:

$$\frac{\partial L}{\partial W} = 0 \Rightarrow W = -\sum_{i=1}^{N}\alpha_i y_i x_i$$

$$\frac{\partial L}{\partial \rho} = -\nu + \sum_{j=m_1+1}^{N}\alpha_j - \lambda = 0 \Rightarrow \sum_{j=m_1+1}^{N}\alpha_j = \nu + \lambda \qquad (3.6.11)$$

$$\frac{\partial L}{\partial \xi_i} = 0 \Rightarrow 0 \leqslant \alpha_i \leqslant \frac{s_i}{\nu_1 m_1}$$

$$\frac{\partial L}{\partial \xi_j} = 0 \Rightarrow 0 \leqslant \alpha_j \leqslant \frac{s_j}{\nu_2 m_2}$$

$$\frac{\partial l}{\partial b} = 0 \Rightarrow \sum_{i=1}^{N}\alpha_i y_i = 0$$

将上式全部带入到 (3.6.10) 式中可得 MPMMFC 的对偶形式。

(二) 非线性形式

在非线性情况下, 通过满足 Mercer 条件的核函数对输入空间进行高维映射, 然后在高维特征空间中进行分类。MPMMFC 的核化形式为

$$\min_{W, \rho, \xi, b} \frac{1}{2}W^T W - \nu\rho + \frac{1}{\nu_1 m_1}\sum_{i=1}^{m_1}\xi_i s_i + \frac{1}{\nu_2 m_2}\sum_{j=m_1+1}^{N}\xi_j s_j \qquad (3.6.12)$$

$$\text{s. t } W^T\phi(x_i) + b \leqslant \xi_i, \ 1 \leqslant i \leqslant m_1 \qquad (3.6.13)$$

$$W^T\phi(x_j) + b \geqslant \rho - \xi_j, \ m_1 + 1 \leqslant j \leqslant N \qquad (3.6.14)$$

$$\xi \geqslant 0, \ \rho \geqslant 0, \ \sigma \leqslant s \leqslant 1$$

核化对偶形式为

$$\min_{\alpha \in R^d} \frac{1}{2}\sum_{i=1}^{N}\sum_{j=1}^{N}\alpha_i\alpha_j y_i y_j K(x_i, x_j) \qquad (3.6.15)$$

$$\text{s. t } 0 \leqslant \alpha_i \leqslant \frac{s_i}{\nu_1 m_1}, \ 1 \leqslant i \leqslant m_1$$

$$0 \leqslant \alpha_j \leqslant \frac{s_j}{\nu_2 m_2}, \ m_1 + 1 \leqslant j \leqslant N$$

$$\sum_{i=1}^{N} \alpha_i y_i = 0$$

$$\sum_{i=1}^{N} \alpha_i \geqslant 2\nu$$

其中 $K(\mu, \nu)$ 为符合 Mercer 条件的核函数。此外，还得到

$$W = -\sum_{i=1}^{N} \alpha_i y_i \phi(x_i) \tag{3.6.16}$$

（三）最大间隔 ρ 和 b 求解方法

考虑两类支持向量集合和 α 集合：

$$SVX_1 = \left\{ x_i \mid 0 < \alpha_i < \frac{s_i}{\nu_1 m_1}, \ 1 \leqslant i \leqslant m_1 \right\}$$

$$SVX_2 = \left\{ x_j \mid 0 < \alpha_j < \frac{s_j}{\nu_2 m_2}, \ 1 \leqslant j \leqslant N \right\}$$

$$SV\alpha_1 = \left\{ \alpha_i \mid 0 < \alpha_i < \frac{s_i}{\nu_1 m_1}, \ 1 \leqslant i \leqslant m_1 \right\}$$

$$SV\alpha_2 = \left\{ \alpha_j \mid 0 < \alpha_j < \frac{s_j}{\nu_2 m_2}, \ m_1 + 1 \leqslant j \leqslant N \right\}$$

根据 KKT 条件，对于 SVX_1，（3.6.13）式变成了一个所有松弛因子为 0 的等式，即

$$W^T \phi(x_i) + b = 0, \ 1 \leqslant i \leqslant m_1 \tag{3.6.17}$$

同理对于 SVX_2，（3.6.14）式等号成立，即

$$W^T \phi(x_j) + b = \rho, \ m_1 + 1 \leqslant j \leqslant N \tag{3.6.18}$$

设 $n_1 = |SVX_1|$，$n_2 = SVX_2$，由（3.6.17）式和（3.6.18）式可得：

$$\rho^* = \frac{1}{n_2} P_2 - \frac{1}{n_1} P_1$$

$$b^* = -\frac{1}{n_1} P_1 \tag{3.6.19}$$

其中 $P_1 = \sum_{\alpha_i \in SV\alpha_1 x_i,} \sum_{x_j \in SVX_1} \alpha_i K(x_i, x_j)$，$P_2 = \sum_{\alpha_j \in SV\alpha_2 x_i,} \sum_{x_j \in SVX_2} \alpha_j K(x_i, x_j)$。

（四）判别函数

为了判别一个新样本的类属，MPMMFC 通过比较该模式与构造出的超平面的距离是否小于 0 来确定该模式的类属。MPMMFC 决策函数如下：

$$f(x) = \text{sgn}(W^{*T} \phi(x) + b^*)$$

其中 W^* 和 b^* 可分别通过 (3.6.16) 式和 (3.6.19) 式得到。

二、理论分析

(一) 算法复杂度分析

MPMMFC 解决一个具有线性约束的二次规划问题，其计算对象主要是核函数矩阵，空间复杂度是 O (N^2)，其中 N 为训练样本数；其时间复杂度为 O (N^3)。当面对大规模分类问题时，MPMMFC 的训练时间随着样本数的增加呈指数级增长。因此，MPMMFC 不适用大规模分类问题。目前，一个新的研究成果引起人们的广泛关注：Tsang 提出的核心集向量机 CVM 试图建立最优化问题与最小包含球 QP 形式的等价性，从而将分类方法的适用范围从中小规模数据推广到大规模数据。接下来探讨 MPMMFC 与最小包含球 QP 形式的等价性，从而解决 MPMMFC 无法进行大规模分类的问题。

(二) 可调参数 v 性质

称对应 Lagrangian 乘子 $\alpha_i > 0$ 的训练样本 $x_i (1 \leqslant i \leqslant N)$ 为支持向量，对应的松弛变量 $\xi_i > 0 (1 \leqslant i \leqslant N)$ 的训练样本 $x_i (1 \leqslant i \leqslant N)$ 为间隔误差。

定理 3.4：设

$$ME_1 = \{ s_i | \xi_i > 0, \ 1 \leqslant i \leqslant m_1 \}$$
$$ME_2 = \{ s_j | \xi_i > 0, \ m_1 + 1 \leqslant j \leqslant N \}$$
$$S_1 = \{ s_i | a_i > 0, \ 1 \leqslant i \leqslant m_1 \}$$
$$S_2 = \{ s_j | a_i > 0, \ m_1 + 1 \leqslant j \leqslant N \}$$

得到如下关系

$$\frac{1}{m_1} \sum_{s_i \in ME_1} s_i \leqslant \nu \nu_1 \leqslant \frac{1}{m_1} \sum_{s_i \in S_1} s_i$$

$$\frac{1}{m_2} \sum_{s_j \in ME_2} s_j \leqslant \nu \nu_2 \leqslant \frac{1}{m_2} \sum_{s_j \in S_2} s_j$$

其中 ν，ν_1，ν_2 同时控制着支持向量的下界和间隔误差的上界。

证明：由于 $\sigma \leqslant s_i \leqslant 1$，则 (3.6.12) 式变为

$$0 \leqslant \alpha_i \leqslant \frac{s_i}{\nu_1 m_1} \leqslant \frac{1}{\nu_1 m_1}, \ 1 \leqslant i \leqslant m_1 \qquad (3.6.20)$$

根据 Kuhn-Tucher 定理，对偶变量与约束的乘积在鞍点处为 0，即

$\lambda\rho = 0$，当 $\rho > 0$，则 $\lambda = 0$，由 (3.6.11) 式可得

$$- \nu + \sum_{j=m_1+1}^{N} \alpha_j = 0 \Rightarrow \sum_{j=m_1+1}^{N} \alpha_j = \nu \qquad (3.6.21)$$

由 (3.6.8) 式和 (3.6.21) 式得 $\sum_{i=1}^{m_1} \alpha_i = \nu$，当 $\xi_i > 0$ 时，$a_i = \dfrac{s_i}{\nu_1 m_1}$ 对于所有正类间隔误差成立，则有下式：

$$\sum_{i=1}^{m_1} \alpha_i = \nu \geqslant \frac{1}{\nu_1 m_1} \sum_{s_i \in ME_1} s_i \qquad (3.6.22)$$

由 (3.6.20) 式可知，每个正支持向量至多贡献 $\dfrac{s_i}{\nu_1 m_1}$，则有

$$\sum_{i=1}^{m_1} \alpha_i = \nu \leqslant \frac{1}{\nu_1 m_1} \sum_{s_i \in S_1} s_i \Rightarrow \nu \leqslant \frac{1}{\nu_1 m_1} \sum_{s_i \in S_1} s_i \qquad (3.6.23)$$

由 (3.6.22) 式和 (3.6.23) 式可得 $\dfrac{1}{m_1} \sum_{s_i \in ME_1} s_i \leqslant \nu\nu_1 \leqslant \dfrac{1}{m_1} \sum_{s_i \in S_1} s_i$。

同理可证 $\dfrac{1}{m_2} \sum_{s_j \in ME_2} s_j \leqslant \nu\nu_2 \leqslant \dfrac{1}{m_2} \sum_{s_j \in S_2} s_j$。

定理 3.4 对于实验参数的选取具有指导意义。

三、实验分析

实验的目的是验证 MPMMFC 和 C-SVM、ν-SVM、OCSVM 在 UCI 数据集上的有效性，实验环境为 2.90GHz Pentium CPU，2G RAM，Redhat Enterprise Linux Server 6.0 及 matlab2013a。实验选取的核函数为径向基函数：

$$K(x, y) = \exp\left(\frac{\|x - y\|^2}{\sigma^2}\right)$$

其中 σ 为训练样本平均范数的平方根。

目前，隶属度函数的构造方法有很多，一般模糊隶属度函数主要有两种：一种是基于样本到类中心的距离来度量模糊隶属度的大小；另一种是通过密度来度量模糊隶属度的大小。采用基于 K 近邻思想的模糊隶属度函数，通过紧密度来度量模糊隶属度的大小的方法。

定义数据点与点之间的距离为

$$\begin{cases} d_{ij} = |x_i - x_j| & i, j \in l, i \neq j \\ d_{i1} \leqslant d_{i2} \leqslant d_{i3} \leqslant \cdots \leqslant d_{i(l-1)} \end{cases}$$

紧密度的隶属度定义为

$$\begin{cases} b_i = 1/\sum_{j=1}^{k} d_{ij} \\ B = \max(b_1,\ b_2,\ b_3,\ \cdots,\ b_l) \\ s_i = b_i/B \end{cases}$$

实验数据集包括一个人工数据集以及 11 个 UCI 标准数据集，其中 Total 代表样本总数，m_1 代表第一类样本数，m_2 代表第二类样本数，Dim 代表维数。数据集详细信息如表 3.23 所示。

表 3.23　实验数据集

Datasets	Total	m_1	m_2	Dim
Banana	200	100	100	2
Blood	748	178	570	4
Breast	569	212	357	30
Iris	100	50	50	4
Liver	345	145	200	6
Seeds	210	70	140	7
Glass	146	70	76	9
Balance-scale	576	288	288	4
Monks	432	216	216	6
Spectf	269	214	55	44
Heart	267	212	55	44
Pima	768	500	268	8

（一）实验参数设置

MPMMFC、C-SVM、ν-SVM、OCSVM 和 SSLM 的分类精度和参数选择密切相关，目前参数选择的方法主要有：单一验证估计、留一法和 K 倍交叉验证法等，本节采取 5 倍交叉验证法。

实验中所有参数的选择通过网格搜索策略来选取。对于核函数（高斯径向基），σ^2 在网格 $\{\sigma^2/8,\ \sigma^2/4,\ \sigma^2/2,\ \sigma^2,\ \sigma^2*2,\ \sigma^2*4,\ \sigma^2*8\}$ 中搜索选取。对于 C-SVM，惩罚参数 C 在 $\{0.01,\ 0.03,\ 0.05,\ 0.08,\ 0.1,\ 0.1,\ 0.5,\ 1,\ 5,\ 10\}$ 中搜索选取，对于 ν-SVM，参数 ν 在 $\{0.01k,\ 0.1k\}$ 中搜索选取，k 为 1~9 之间的整数；对于 OCSVM，参数 ν 在网格 $\{0.001,\ 0.002,\ 0.004,\ 0.008,\ 0.1,\ 0.2,\ 0.4,\ 0.8,\ 0.9,\ 1\}$ 中搜索选取的；对于 SSLM，参数 ν 在网格 $\{5,\ 10,\ 20,\ 30,$

40，50，60，70，80｝，ν_1 和 ν_2 在 ｛0.001，0.01｝搜索；对于 MPMMFC，根据参数定理，参数 ν 在网格｛1，3，5，8，10，13，15，20，25，30，35，40，45，50，60，80｝搜索，ν_1 和 ν_2 在 ｛0.001，0.01，0.1｝搜索，k 在网格｛0，1，2，3，4，5｝中选择。

通过执行 5 倍交叉验证来搜索优化参数值，并采用 g-means 度量来评价性能，所有实验独立执行 10 次，实验结论取平均值，采用几何度量方法评价算法性能 $g = \sqrt{a^+ \cdot a^-}$，其中 a^+ 和 a^- 分别为正类和负类的分类精度。该方法同时考虑了正类和负类的分类效果而被广泛用于处理不平衡数据集问题。

（二）人工数据集上的实验

首先采用人工数据集 banana 数据集来比较 MPMMFC 和其他算法 C-SVM、ν-SVM 的性能优劣。实验参数及实验结果如图 3.16 所示。

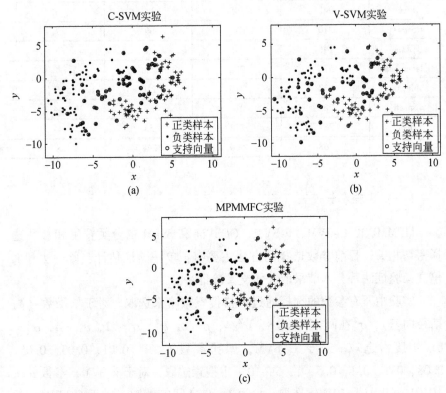

图 3.16　人工数据集上的实验结果

（a）CSVM：$\sigma^2 = \sigma^2/4$，C=0.5，准确率：96.49%；（b）ν-SVM：$\sigma^2 = \sigma^2/4$，ν=0.01，准确率 98.03%；（c）MPMMFC：$\sigma^2 = \sigma^2/6$，ν=1，ν_1=0.006，ν_2=0.1，准确率：100%

由图 3.16（a）-（c）可以看出：MPMMFC 在人工香蕉型数据集上的支持向量数量相对于 C-SVM、ν-SVM 要少，而且在分类性能上也有较高的准确率。

（三）UCI 数据集上的实验

通过 UCI 数据集上的实验来评价 MPMMFC 和其他算法 C-SVM、ν-SVM、OCSVM 以及 SSLM 的性能。单类样本和二类样本最优实验参数、实验结果分别列于表 3.24 和表 3.25。

表 3.24　二类样本分类结果

Datasets	C-SVM	ν-SVM	MPMMFC
Blood	$C=0.5$，$\sigma^2=\sigma^2*8$	$\nu=0.01$，$\sigma^2=\sigma^2*8$	$\nu=3$，$\nu_1=0.1$，$\nu_2=0.01$，$\sigma^2=\sigma^2*2$
	98.13±1.47%	99.22±0.21%	98.79±0.28%
Breast	$C=0.1$，$\sigma^2=\sigma^2/8$	$\nu=0.03$，$\sigma^2=\sigma^2/4$	$\nu=5$，$\nu_1=0.01$，$\nu_2=0.01$，$\sigma^2=\sigma^2/8$
	89.44±2.24%	90.03±2.17%	92.33±2.72%
Iris	$C=0.01$，$\sigma^2=\sigma^2*8$	$\nu=0.04$，$\sigma^2=\sigma^2*8$	$\nu=15$，$\nu_1=0.1$，$\nu_2=0.01$，$\sigma^2=\sigma^2*4$
	97.24±1.30%	98.21±0.52%	98.56±1.45%
Liver	$C=0.01$，$\sigma^2=\sigma^2/8$	$\nu=0.5$，$\sigma^2=\sigma^2/8$	$\nu=5$，$\nu_1=0.1$，$\nu_2=0.001$，$\sigma^2=\sigma^2/2$
	65.94±2.96%	72.04±2.71%	74.90±3.88%
Seeds	$C=0.5$，$\sigma^2=\sigma^2*4$	$\nu=0.01$，$\sigma^2=\sigma^2*8$	$\nu=1$，$\nu_1=0.1$，$\nu_2=0.01$，$\sigma^2=\sigma^2*4$
	92.67±1.93%	96.39±1.47%	96.24±1.31%
Glass	$C=0.05$，$\sigma^2=\sigma^2*8$	$\nu=0.9$，$\sigma^2=\sigma^2*8$	$\nu=20$，$\nu_1=0.1$，$\nu_2=0.01$，$\sigma^2=\sigma^2*4$
	84.45±1.07%	85.15±0.90%	87.37±1.21%
Balance-scale	$C=0.5$，$\sigma^2=\sigma^2/4$	$\nu=0.1$，$\sigma^2=\sigma^2/8$	$\nu=5$，$\nu_1=0.01$，$\nu_2=0.1$，$\sigma^2=\sigma^2/8$
	92.97±0.40%	94.67±0.55%	96.75±0.51%
Monks	$C=5$，$\sigma^2=\sigma^2/2$	$\nu=0.1$，$\sigma^2=\sigma^2/2$	$\nu=1$，$\nu_1=0.001$，$\nu_2=0.001$，$\sigma^2=\sigma^2/2$
	66.81±0.42%	65.50±0.14%	73.80±0.35%

表 3.25　单类样本分类结果

Datasets	OCSVM	SSLM	MPMMFC
spectf	$\nu=0.8$，$\sigma^2=\sigma^2*2$	$\nu=10$，$\nu_1=0.1$，$\nu_2=0.01$，$\sigma^2=\sigma^2*4$	$\nu=1$，$\nu_1=0.1$，$\nu_2=0.001$，$\sigma^2=\sigma^2*4$
	72.97±2.81%	78.12±1.96%	78.66±2.19%
heart	$\nu=0.01$，$\sigma^2=\sigma^2*8$	$\nu=10$，$\nu_1=0.1$，$\nu_2=0.001$，$\sigma^2=\sigma^2*4$	$\nu=3$，$\nu_1=0.01$，$\nu_2=0.01$，$\sigma^2=\sigma^2*4$
	78.99±4.03%	80.34±4.16%	82.24±3.92%

续表

Datasets	OCSVM	SSLM	MPMMFC
pima	$\nu=1$, $\sigma^2=\sigma^2/8$	$\nu=30$, $\nu_1=0.1$, $\nu_2=0.01$, $\sigma^2=\sigma^2/4$	$\nu=25$, $\nu_1=0.01$, $\nu_2=0.1$, $\sigma^2=\sigma^2/4$
	67.15±0.97%	67.27±1.25%	67.68±1.34%

从表 3.24 和表 3.25 可以看出：和其他几种方法比较（C-SVM，ν-SVM，OCSVM，SSLM），MPMMFC 在二类样本分类和一类样本分类上都取得了较好或相近的性能，在 breast，liver，glass，balance-scale，monks，spectf，heart 等数据集上，MPMMFC 相对于传统的算法具有明显的性能优势；而在 iris，pima 等数据集上，MPMMFC 和传统分类方法分类精度基本相当；在 blood，seeds 数据集上，MPMMFC 的分类性能略逊于传统算法 ν-SVM，但分类精度基本可以接受。综上所述，MPMMFC 在核函数映射后的高维空间，通过模糊隶属度给不同的样本增加不同的权重系数，使得构造的超平面不仅能实现二类样本分类，而且还能解决单分类问题。

第七节　基于核密度估计与熵理论的最大间隔学习机

以 SVM 及其变种为代表的大间隔分类方法在实际应用中取得了较好的效果，但这种绝对间隔的分类方法易受到输入数据仿射或伸缩等变换的干扰[125]，其原因在于这些方法只考虑数据类间的绝对间隔而忽视类内数据的分布性状。针对大间隔分类方法的不足，引入概率密度估计和熵理论，提出一种基于核密度估计与熵理论的最大间隔学习机（maximum margin learning machine based on entropy theory and kernel density estimation，MEKLM），该学习机保证模式分类不确定性最小。MEKLM 具有以下优势：真实反映类间数据的边界信息和类内数据的分布特征；同时解决二类分类问题和单类分类问题；与传统 SVM 相比，具有更好的分类性能。文献 [126] 特别针对单类问题进行了深入研究。

一、核密度估计和熵理论

（一）核密度估计

核密度估计是一种从数据本身出发研究数据分布特征的方法。它不利用有关数据分布的先验知识，对数据分布不附加任何假定，因而在统计学理论和其他相关的应用领域均受到高度的重视。目前主流的核密度估计方法有：Rosenblent、Parzen、Prakasarao、Silverman 等。其中 Parzen 窗法是一种使用广泛且具有坚实理论基础的核密度估计方法，利用 Parzen 窗描述样本数据的分布情况。

Parzen 窗定义如下：

$$p(x) = \sum_{i=1}^{N} \alpha_i K_\delta(x, x_i) \tag{3.7.1}$$

$$\text{s.t} \sum_{i=1}^{N} \alpha_i = 1, \alpha_i \geq 0, i = 1, 2, \cdots, N \tag{3.7.2}$$

其中 $K_\delta(x, x_i)$ 为窗宽为 δ 的核函数，$\alpha_i(i = 1, 2, \cdots, N)$ 为系数。

核函数 K_δ 必须满足以下条件：

① $K(t) \geq 0$；② $\int K(t) dt = 1$。

常用的核函数有：高斯函数、Epanechnikov 函数、Biweight 函数等。由于高斯函数具有若干优良特性，因此选择高斯函数作为核函数。

（二）熵理论

在信息论中，熵表示不确定性，熵越大不确定性越大。通过熵的大小可以了解随机事件发生的不确定性。模式分类的目标是尽可能减小分类的不确定性，因此熵可以用来描述模式的可分性。

常用的熵有：香农熵、条件熵、平方熵、立方熵等。理论上选用任意一种熵均可表示分类的不确定性，但为了计算方便，引入连续型平方熵，其表达式如下：

$$H_p = 1 - \int p(x)^2 dx \tag{3.7.3}$$

其中 $p(x)$ 表示概率密度函数且 $0 \leq p(x) \leq 1$。

二、算法描述

（一）目标函数

两类的 Parzen 核密度估计函数分别表示如下：

$$p_1(x) = \sum_{i=1}^{N_1} \alpha_i k_\delta(x, x_i) \tag{3.7.4}$$

$$\text{s.t} \sum_{i=1}^{N_1} \alpha_i = 1, \alpha_i \geq 0, i = 1, 2, \cdots, N_1 \tag{3.7.5}$$

$$p_2(x) = \sum_{j=N_1+1}^{N} \beta_j k_\delta(x, x_j) \tag{3.7.6}$$

$$\text{s. t } \sum_{j=N_1+1}^{N} \beta_j = 1, \beta_j \geqslant 0, i = N_1 + 1, \cdots, N \tag{3.7.7}$$

其中 $k_\delta(x, x_i)$ 为 Gaussian 核函数，δ 为方差。

为了正确划分上述两类样本，且具有良好的泛化能力，MEKLM 应保证样本分类的不确定性最小，即熵最小。MEKLM 优化问题描述如下：

$$\min(1 - \int p_1(x_i)^2 dx) + \gamma(1 - \int p_2(x_j)^2 dx) - \nu\rho \tag{3.7.8}$$

$$\text{s. t } y_i(p_1(x_i) - \lambda p_2(x_i)) > \rho, i = 1, \cdots, N \tag{3.7.9}$$

其中 γ 是平衡因子且 $\gamma = N_2/N_1$；ρ 表示两类概率分布间隔；ν 是调节因子，它反映了两类分布间隔在 MEKLM 中的贡献；λ 是先验系数，表示两类先验概率之比。设两类的先验概率分别为 p 和 q，则 $\lambda = q/p(0 < p < 1, 0 < q < 1)$。

针对上述目标函数，给出如下说明：$(1 - \int p_1(x_i)^2 dx) + \gamma(1 - \int p_2(x_j)^2 dx)$ 保证两类分类的不确定性最小，即熵最小；$-\nu\rho$ 保证两类间隔最大。

约束项 $y_i(p_1(x_i) - \lambda p_2(x_i)) > \rho, i = 1, \cdots, N$ 保证分类的正确率大于误分率。

(3.7.9) 式实际包含两种情况：① 当 $i = 1, 2, \cdots, N_1$ 时，类别标签 $y_i = 1$ 即已知样本属于第一类；② 当 $i = N_1 + 1, \cdots, N$ 时，类别标签 $y_i = -1$ 即已知样本属于第二类。则 (3.7.9) 式可分解为以下两式：

$$p_1(x_i) - \lambda p_2(x_i) > \rho, i = 1, \cdots, N_1 \tag{3.7.10}$$

$$\lambda p_2(x_j) - p_1(x_j) > \rho, j = N_1 + 1, \cdots, N \tag{3.7.11}$$

将 (3.7.4) 式、(3.7.6) 式代入 (3.7.8) 式有：

$$\min_{\alpha, \beta} 1 - \int \sum_{i=1}^{N_1} \sum_{j=1}^{N_1} \alpha_i \alpha_j k_\delta(x, x_i) k_\delta(x, x_j) dx$$

$$+ \gamma - \gamma \int \sum_{i=N_1+1}^{N} \sum_{j=N_1+1}^{N} \beta_i \beta_j k_\delta(x, x_i) k_\delta(x, x_j) dx - \nu\rho \tag{3.7.12}$$

已知 Gaussian 函数有如下性质[74]：

$$\int k_\delta(x, x_i) k_\delta(x, x_j) dx = k_{\sqrt{2}\delta}(x_i, x_j) \tag{3.7.13}$$

则 (3.7.12) 式可整理为：

$$\min_{\alpha,\ \beta} 1 + \gamma - \sum_{i=1}^{N_1} \sum_{j=1}^{N_1} \alpha_i \alpha_j k_{\sqrt{2}\delta}(x_i,\ x_j) - \gamma \sum_{i=N_1+1}^{N} \sum_{j=N_1+1}^{N} \beta_i \beta_j k_{\sqrt{2}\delta}(x_i,\ x_j) - \upsilon\rho$$

$$(3.7.14)$$

将（3.7.4）式-（3.7.7）式分别代入（3.7.10）式和（3.7.11）式，结合（3.7.14）式得到如下二次规划问题：

$$\min_{\alpha,\ \beta} 1 + \gamma - \sum_{i=1}^{N_1} \sum_{j=1}^{N_1} \alpha_i \alpha_j k_{\sqrt{2}\delta}(x_i,\ x_j) - \gamma \sum_{i=N_1+1}^{N} \sum_{j=N_1+1}^{N} \beta_i \beta_j k_{\sqrt{2}\delta}(x_i,\ x_j) - \upsilon\rho$$

s. t

$$\sum_{i=1}^{N_1} \alpha_i k_\delta(x_l,\ x_i) - \lambda \sum_{j=N_1+1}^{N} \beta_j k_\delta(x_l,\ x_j) > \rho,\ l = 1,\ \cdots,\ N_1$$

$$(3.7.15)$$

$$\lambda \sum_{i=N_1+1}^{n} \beta_j k_\delta(x_k,\ x_j) - \sum_{i=1}^{N_1} \alpha_i k_\delta(x_k,\ x_i) > \rho,\ k = N_1 + 1,\ \cdots,\ N$$

$$(3.7.16)$$

$$\sum_{i=1}^{N_1} \alpha_i = 1,\ \alpha_i \geqslant 0,\ i = 1,\ 2,\ \cdots,\ N_1 \qquad (3.7.17)$$

$$\sum_{j=N_1+1}^{N} \beta_j = 1,\ \beta_j \geqslant 0,\ i = N_1 + 1,\ \cdots,\ N \qquad (3.7.18)$$

（二）决策函数

为了确定新模式 $x \in R^d$ 的类别，MEKLM 判断该模式落在哪类的概率大则其归属该类。MEKLM 的决策函数如下：

$$f(x) = \text{sgn}(p_1(x) - \lambda p_2(x)) \qquad (3.7.19)$$

若 $f(x) > 0$ 则 x 属于第一类；若 $f(x) < 0$ 则 x 属于第二类。该决策函数反映了新模式落在两类的概率差，因此将其称为"概率差决策函数"。

特别的，当训练样本只有一类，即 $\gamma = 0$，则上述二分类问题便转化为单类问题，笔者在"基于熵理论的单类学习机"一文中进行了深入探讨。

三、实验分析

通过与 C-SVC、ν-SVC、KNN（K nearest neighbors）等主流分类器比较，验证 MEKLM 的性能。实验数据集包含两部分：①人工数据集；②UCI数据集。

(一) 实验参数的设置

MEKLM 是基于核密度估计提出的，因此 MEKLM 的分类精度与参数选择直接相关。MEKLM 主要有两个参数：Gaussian 核函数的方差 δ 以及调节因子 ν。本章采用 5 倍交叉验证法获得实验参数。

参数通过网格搜索策略选择。实验中 C-SVC、ν-SVC 的核函数采用 Gaussian 函数。高斯核函数的方差 δ 在网格 $\{\bar{x}/2\sqrt{2},\ \bar{x}/2,\ \bar{x}/\sqrt{2},\ \bar{x},\ \sqrt{2}\bar{x},\ 2\bar{x},\ 2\sqrt{2}\bar{x}\}$ 中搜索选取，其中 $\bar{x}$ 为训练样本平均范数的平方根；在 C-SVC 中，惩罚参数 C 在网格 $\{0.01,\ 0.05,\ 0.1,\ 0.5,\ 1,\ 5,\ 10\}$ 中搜索选取；在 ν-SVC 中，参数 ν 在网格 $\{0.1,\ 0.5,\ 1,\ 5,\ 10\}$ 中搜索选取；在 KNN 中，参数 K 在网格 $\{1,\ 3,\ 5,\ 7,\ 9\}$ 中搜索选取；在 MEKLM 中，调节因子 ν 在网格 $\{0.01,\ 0.05,\ 0.1,\ 0.5,\ 1,\ 5,\ 10\}$ 中搜索选取。

(二) 人工数据集上的实验

首先比较 C-SVC、ν-SVC 以及 MEKLM 在人工数据集上的性能。人工构造一个二维香蕉型数据集如图 3.17 (a) 所示。实验选取 Gaussian 核函数方差 σ=1。该人工数据集中，第一类 (Class1) 有 52 个样本，其中训练样本 30 个，测试样本 22 个；第二类 (Class2) 有 53 个样本，其中训练样本 30 个，测试样本 23 个。在图 3.17 中，Train1 和 Train2 分别代表两类的训练样本；Test1 和 Test2 分别代表两类的测试样本；支持向量 (support vectors) 用 SVs 表示；样本错分点 (misclassified points) 用 MPs 表示。C-SVC、ν-SVC 以及 MEKLM 的分类结果如图 3.17 (b) -(d) 及表 3.26 所示。

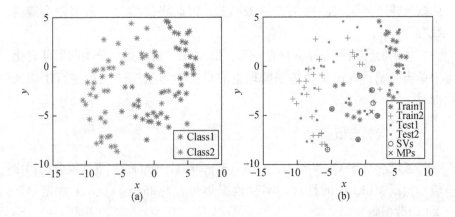

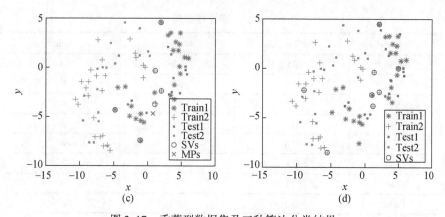

图 3.17　香蕉型数据集及三种算法分类结果

（a）人工香蕉型数据集；（b）C-SVC；（c）ν-SVC；（d）MEKLM

表 3.26　参数选取及分类结果（香蕉型数据集）

算法	Parameters	识别率（%）
C-SVC	$C=10$	95.5
ν-SVC	$\nu=1$	97.8
MEKLM	$\nu=1$	100

由图 3.17 及表 3.26 可以看出：MEKLM 的分类精度高于 C-SVC 和 ν-SVC，主要原因是 MEKLM 在两类边界及两类中心均发现支持向量。由支持向量的分布可以看出：MEKLM 真实反映了类间数据的边界信息和类内数据的分布特征。

（三）UCI 数据集上的实验

选取 UCI 中的 8 个数据集作为实验对象。实验数据集见表 3.27，其中#Class1 表示第一类的样本数，#Class2 表示第二类的样本数，Dim 表示样本维数。高斯核函数方差 δ、C-SVC 中的惩罚参数 C、ν-SVC 中的参数 ν、KNN 中的参数 K、MEKLM 中的调节因子 ν 均通过 5 倍交叉验证法获得，实验参数见表 3.28。

取得最佳参数后，依次在上述实验数据集上运行 C-SVC、ν-SVC、KNN 以及 MEKLM，得到的实验结果见表 3.29。

表 3.27　实验数据集

Datasets	#Class1	#Class2	Dim
Wine	55	70	13
Iris	50	50	4
Liver	145	200	4
Heart	145	45	13
Spectf	190	35	44
Ecoli	75	50	7
Glass	70	75	9
Pima	265	500	8

表 3.28　C-SVC，ν-SVC，KNN，MEKLM 实验参数

Datasets	C-SVC	ν-SVC	KNN	MEKLM
Wine	$C=0.1$，$\delta=\bar{x}$	$\nu=0.1$，$\delta=\bar{x}$	$K=9$	$\nu=0.1$，$\delta=\bar{x}$
Iris	$C=0.01$，$\delta=\bar{x}/2\sqrt{2}$	$\nu=0.1$，$\delta=\bar{x}/2\sqrt{2}$	$K=1$	$\nu=0.1$，$\delta=\bar{x}/2\sqrt{2}$
Liver	$C=0.01$，$\delta=2\sqrt{2}\,\bar{x}$	$\nu=0.5$，$\delta=2\sqrt{2}\,\bar{x}$	$K=3$	$\nu=0.5$，$\delta=\bar{x}/2\sqrt{2}$
Heart	$C=0.1$，$\delta=2\sqrt{2}\,\bar{x}$	$\nu=0.1$，$\delta=\bar{x}/2\sqrt{2}$	$K=7$	$\nu=5$，$\delta=\sqrt{2}\,\bar{x}$
Spectf	$C=5$，$\delta=\bar{x}/2\sqrt{2}$	$\nu=1$，$\delta=\bar{x}/2\sqrt{2}$	$K=7$	$\nu=1$，$\delta=2\sqrt{2}\,\bar{x}$
Ecoli	$C=10$，$\delta=\bar{x}/2\sqrt{2}$	$\nu=5$，$\delta=\bar{x}/2\sqrt{2}$	$K=3$	$\nu=0.01$，$\delta=\bar{x}/2\sqrt{2}$
Glass	$C=1$，$\delta=\bar{x}/2\sqrt{2}$	$\nu=0.1$，$\delta=2\,\bar{x}$	$K=3$	$\nu=0.01$，$\delta=\bar{x}/2\sqrt{2}$
Pima	$C=0.01$，$\bar{x}/2$	$\nu=5$，$\delta=\sqrt{2}\,\bar{x}$	$K=7$	$\nu=1$，$\delta=2\sqrt{2}\,\bar{x}$

表 3.29　C-SVC，ν-SVC，KNN，MEKLM 的分类结果（平均值与标准差）

Datasets	C-SVC	ν-SVC	KNN	MEKLM
Wine	77.4% ±2.3%	79.2% ±3.0%	89.6% ±8.6%	88.8% ±8.2%
Iris	100% ±0%	100% ±0%	100% ±0%	100% ±0%
Liver	64.6% ±2.5%	69.3% ±3.4%	61.7% ±8.2%	70.1% ±3.8%
Heart	67.4% ±7.4%	67.9% ±5.4%	70.0% ±6.2%	76.3% ±0.1%
Spectf	65.2% ±13.9%	72% ±7.7%	70.0% ±12.8%	74.2% ±7.1%
Ecoli	91.2% ±8.2%	92.8% ±6.9%	92.6% ±7.0%	93.6% ±3.2%
Glass	49.0% ±1.4%	53.1% ±4.1%	71.4% ±15.6%	66.2% ±14.7%
Pima	61.1% ±3.7%	66.5% ±5.5%	66.1% ±5.3%	66.4% ±4.6%

　　上述实验结果由平均值和标准差组成。平均值反映了算法的平均分类精度；标准差反映了分类精度的离散程度。在分类精度相差不大的情况下，标准差越小表明分类精度越高；反之则分类精度越低。由表 3.29

可以看出：与 C-SVC、ν-SVC、KNN 相比，MEKLM 在实验数据集上具有较好的分类效果。在 Heart、Spectf、Ecoli 数据集上 MEKLM 在平均值和标准差两方面均占优；在 Iris 数据集上四种算法分类效果相当；在 Pima 数据集上 MEKLM 和 ν-SVC、KNN 平均值基本持平且高于 SVC，但在标准差上 MEKLM 占优；在 Liver 数据集上 MEKLM 平均值高于其他三种算法，标准差略高于 C-SVC 和 ν-SVC 但低于 KNN，整体分类效果四者最优；在 Wine、Glass 数据集上与 KNN 相比，MEKLM 平均值略低但在标准差上占优，整体分类效果与 KNN 基本相当且优于 C-SVC 和 ν-SVC。综上所述，MEKLM 在 UCI 数据集上亦可达到较理想的分类效果。

第四章　Web 环境下用户行为分析

随着网络技术的飞速发展，互联网已经成为报纸、广播、电视等传统媒介之外新的传播媒介，网络用户量和信息量已经超过了传统媒介。互联网的发展不仅革新了信息传播技术，也改变了人们的生活方式以及人际交往方式，极大影响着社会生活的诸多领域。网络已经成为人们每天获取信息、相互交流必不可少的方式。特别是进入 Web 2.0 时代，网络用户既是网络信息的消费者，也是网络内容的缔造者[127]。网络为人们提供海量的知识资源，并成为人们学习、教育、情感交流的有效手段。网络具有数据量巨大、类型多样化、动态性、平等性和虚拟性等特点；它渗透于网络自身、网络服务和网络应用的各个层次。但在这个庞大的网络系统中，如何快速高效地提取自己感兴趣的知识成为业界关注的热点。网络用户分析日益成为网络服务的重要工具，它对提高网站服务质量，改善网络运行效率，保证网络的安全性，提供个性化服务等多个方面起到了非常重要的作用。因此，对网络用户行为进行研究具有重要的理论价值和现实意义。

本章在探讨网络用户及行为相关理论的基础上，分析了数据挖掘与用户行为分析之间的关系，对国内外相关研究进展进行了回顾，总结归纳了笔者在基于访问页面的多标记用户分类系统构建和面向大规模信息的用户分类方法方面的研究工作。

第一节　网络用户及行为

一、网络用户

关于网络用户并没有一个标准的定义，按照网络用户的具体内涵，目前主要存在以下三方面的观点[128,129]：

1) 网络用户指在各项实践活动中利用互联网获取和交流信息的个人，这种观点指出网络用户利用网络的两大目的：获取信息和交流信息，该观点表述不全面，而且所表述的网络用户只是个人而不包括群体。

2）网络用户指在一定条件下，一段时间内正在利用网络获取信息的个人或团体。该观点虽然指出网络用户不但包括个人也包括群体，但是它只指出网络用户的显示特性，认为用户只有利用网络获取信息的实际行动发生之后才算网络用户，忽略了网络用户潜在的特性，即用户有潜在利用网络获取信息的心理需求。

3）网络用户指在科研、教学、生产、管理、生活及其他活动中需要和利用网络信息的个体和群体。该观点指出了用户的潜在需求特性，同时也认为网络用户应该是具有利用网络资源条件的一切社会成员。

综上所述，可以将网络用户定义为在网络环境下通过各种实践活动获取和交流信息的个人或团体。

二、网络用户研究的必要性

网络用户是网络信息传播和共享的核心，也就是说，有什么样的用户就有什么样的用户行为，因此对网络用户分析是网络行为研究的前提[130]。

1）网络用户不仅具有庞大的数量，而且具有鲜明的特点。我国的网民数量正以每半年翻一番的速度急剧增长。根据我国国情，网络用户的情况千差万别。每一个用户的信息意识、知识结构、语言能力等各不相同，使用网络的目的和技能也差别巨大。

2）网络用户和传统的文献读者相比具有独特的特点：一方面网络信息比用户实际所查阅的文献资料要丰富得多，网络信息量大，增进了人的主体性，促进了人们提升自己的创造价值；另一方面，网络信息更加的混乱，导致用户在信息海洋中迷失，无法找到自己所需的信息。

3）网络用户研究是网络信息发展的必要条件。网络的优劣必须由用户的实践去证明。只有不断提高用户的网络道德、网络意识，了解用户的网络习惯、重视用户的信息反馈，才能不断完善网络，才能更有效地开发和利用网络信息资源。

三、网络用户行为

网络用户行为是一个广义的概念，它是用户在网络上表现的活动方式，其分类本身具有模糊性和多样性。对网络用户行为的分类也并没有明确的标准，部分学者根据自身研究的需要，从不同角度将网络用户行为进行分类[131,132]。

1) 从行业是否有危害的角度，可将网络用户行为分为善意行为和恶意行为；从行为主体对象是否唯一的角度，可分为个体行为和群体行为；从行业是否合乎习惯模式的角度，可分为正常行为和异常行为。

2) 从网络用户行为目的的角度，可将网络用户行为分为：信息发布行为、信息交流行为、信息查询行为、信息选择行为、信息下载行为、信息吸收行为、信息利用行为。由于这些信息行为并非完全独立，而是有交叉，而且有些行为并非外在行为（如信息吸收行为），有些行为是在网下进行（如信息利用行为），所以，信息发布行为和信息查询行为是相对独立的，而信息交流行为则和信息发布行为及信息查询行为分别有一定的交集，信息选择行为则是贯穿在以上三种行为之中，和以上三种行为都有交集。网络用户信息查询行为主要包括信息检索行为和信息浏览行为，但又并非所有的信息查询行为都是这两种行为。网络信息检索行为是具有明确信息需求的网络用户借助专门信息检索工具和使用信息检索语言获取所需信息的活动；网络信息浏览行为是缺乏明确信息需求目标的用户利用超文本链接的方式获取信息的活动；信息发布行为利用网站、FTP、BBS、电子邮件、ICQ、QQ 等各种网络平台，将数字化的信息在网络上公开，以达到各种目的的行为；信息查询行为是用户进行的有目的的查询信息的活动，这种活动是为了满足一定的目标需求的结果；信息选择是对大量的原始信息以及经过加工的信息材料进行筛选和判别，选取所需要的内容，内化为自己知识结构的信息行为；信息交流是社会活动中借助于某种符号系统，利用某种传递通道而实现的信息发送者和信息接受者之间的传输和交换行为。

3) 从应用角度，可将把网络用户行为分为五大类：信息获取类、沟通交流类、休闲娱乐类、电子商务类、电子服务类。

信息获取类：随着万维网和超文本协议的成功，互联网上的资源也呈现多介质、资源组织的有序性和文件传输交流的无时差性的特点。搜索引擎技术的出现使得互联网数千 GB 的数据查询成为可能，这使得互联网成为传统媒体之外最大的信息源，也是最方便的信息获取地。信息获取是指单个网民通过互联网获取或查询自身所需要的信息或数据的行为。

沟通交流：互联网的一个核心功能是实现互联互通。沟通交流是指网民之间通过互联网进行语言或文字的互通。互联网具有的普及性以及交流方式和交流介质的多样性，使得互联网成为继邮政、电信之后又一重要的交流渠道。

电子服务：电子服务以应用为主，利用多种技术手段实现服务的虚拟化，如银行服务、理财服务、旅游服务、医疗服务、娱乐服务等。

休闲娱乐类：它实质上是一种电子服务。目前，电子服务、电子商务领域网民的数量比较大，可以单列作为一个典型电子服务和其他电子服务做标杆比较。

电子商务类：电子商务是商业交易的电子化和网络化，通过互联网的基本功能，利用 Web 技术、数据库技术、安全技术构建一个虚拟的交易平台，实现有形商品的交易。

四、影响用户行为的因素

用户行为是一种特殊的社会行为，其客观需求由用户活动的客观需求、环境、个体因素和社会因素来决定[133]。

(一) 用户客观需要

用户需求是决定用户活动的首要因素。有了活动的欲望才会有需求的产生，从而形成了一系列实现这个需求的行为和活动，所以用户活动的客观需要是用户信息需求的动力，是用户信息获取与交流展开的根本。需求内容是用户需求的最基本因素之一，它决定了用户信息需求的主题、专业和分布结构，决定了相应的信息支持体系。

(二) 用户个体因素

1) 用户的信息心理。用户的网络行为受到心理状态的作用和影响，形成了用户的信息心理和行为特征，从而决定信息需求的引发、认知和表达。在这个过程之中，由于用户心理特征不同都会呈现个性化特征。

2) 用户的知识结构。对网络信息的理解是建立在用户知识结构的基础上。用户所需的信息只有与其知识相匹配，才能被理解和吸收。对于难以理解的信息则需要求助于信息服务或采取其他方式将其加工为可以吸收利用的知识。

3) 用户的信息素质。用户的信息素质包括用户的网络使用能力、信息需求的表达能力和查找技术的熟练程度等，它决定了用户对信息需求的认识、表达和获取效果。如受过良好信息素质教育的人，其信息意识、信息检索技能和信息需求明显强于未受教育的用户。信息素质的提高有助于用户将更多的潜在信息需求转化为现实需求。

（三）外部环境因素

1）社会体制与管理因素。人的行为首先是社会行为，信息行为也不例外。用户需求是在一定的社会制度下产生的，在经济全球化的环境下，尤其是互联网的迅猛发展，使得用户行为可以跨区、跨国界进行活动，信息需求的产生不仅受到所在国的政治制度、政策法规和社会管理各方面因素制约，而且更具有国际化特征。两者从宏观和微观上都制约着用户信息需求的产生、内容、形式、结构和范围，决定着信息需求的认识与表达以及相关信息行为规范。

2）科技与经济环境。随着信息社会的到来，信息资源无论从时间广度、专业深度还是知识覆盖面，在数量和形式上都有了极大的扩充。信息环境的变化决定信息资源的布局、形式、传播途径和利用方式，信息资源和信息处理与传递技术随之发生深刻的变化。信息资源迅猛增长、信息类型的扩展、信息载体类型不断丰富，从根本上影响着用户的信息需求结构，影响用户对信息技术与信息服务的需求形式，影响用户对信息技术设备的掌握和应用能力，最终影响着用户信息获取和开发利用的深度和广度。

3）社会信息服务环境。随着信息资源日益电子化和网络化，运用先进的信息传输手段，产生了新的信息资源布局和共享模式。网络信息资源的大量出现，使得信息资源的内容更加丰富，信息服务更具有动态性。

五、用户行为数据来源

在用户行为数据获取途径上，数据可来源于服务器、客户端、代理服务器或某个机构的数据库。各种数据不仅来源和类型不同，其使用方式也不相同。

（一）Web 服务器日志

Web 服务器日志文件是研究用户行为的重要数据来源[134]。当用户在网络上浏览页面时，都需要向服务器发出请求，服务器会根据用户请求，把所请求页面发送到用户计算机。每当站点上的一个页面文件被访问一次时，服务器的日志文件中就会增加一条相应的记录（包括不成功记录），这些记录数据反映了多个用户（可能同时）对 Web 站点的存取访问行为。

　　服务器端日志除了记录服务器返回用户访问的文件数据还包括访问时的相应信息，包括访问时间，访问时所采用的操作系统及浏览器类型。服务器同样可以存储其他类型的使用信息，如 Cookie。Cookie 是服务器为了自动追踪网站访问者，为单个用户浏览器生成的标志，记录用户的状态和访问路径。HTTP 是一种无状态连接，因而追踪单个用户并不容易。由于涉及用户的隐私问题，使用 Cookie 需要客户的配合。

　　Web 服务器还要依靠其他工具（如 CGI 脚本）处理来自客户浏览器的数据。服务器按 CGI 标准对请求文件的 URI 进行语法分析，以确定其是否为 CGI 应用程序。一旦 CGI 程序执行完成，服务器就会把输出返回给客户端的浏览器。

　　（二）客户端数据

　　客户端的数据收集是建立在用户行为数据之上，可以比较准确地获取用户行为。由于没有代理和防火墙的限制，从客户端收集数据可以较好地解决缓存问题和事务识别问题。客户端的数据收集方式有以下几种：

　　1）远程代理（如 JavaScript 或 Java Applets）。Java Applets 以 Java Applet 的方式动态插入网页，执行跟踪任务。当用户刚来访问 Web 服务器时把 Applet 下载到客户的浏览器上运行。Applet 在第一次被下载执行时可能会花费一些时间。另外，它需要使 Java Applet 生效，如打开 Java Applet 的允许开关。Java 脚本是在客户端直接编译执行的脚本语言。可在网页浏览开始和退出时的响应句柄中执行事件处理，把用户浏览网页的 URL 地址和相应的浏览时间发送到服务器，但它只有在用户点击超链接并转到其他页面时该页面后退的时间才能得到。如果用户只是点击浏览器上的"向前"或"向后"等按钮时，Java 脚本语言由于没有相应的句柄而不能得到该页面的提出时间。Java 脚本或 Java Applets 方法只能解决单用户网站的用户浏览行为。

　　2）Plug-in。客户端以 Plug-in 方式嵌入监控程序，Plug-in 以后台操作方式随时跟踪网页的浏览情况（浏览器要事先安装 Plug-in）。

　　3）网页跟踪帧。通过一个嵌入在网页内的跟踪帧追踪用户的使用情况，记录用户 IP、访问页面等信息，并随时将客户端浏览信息以 WinSock TCP 的方式传到服务器。

　　4）浏览器修改直接采用增强跟踪功能的浏览器。通过修改源代码的浏览器能收集某个用户在多个网站上浏览的数据。

(三)代理服务器日志

代理服务器相当于一个在客户端浏览器和 Web 服务器之间提供了缓存功能的中介服务器，它主要用于减少用户下载网页的时间以及服务器与客户机之间的网络流量。代理服务器日志能够记录多客户对多站点的访问行为信息。

使用缓冲日志文件作为数据源有很多优点，例如获取方面（不需要用户许可）、格式规范等。但也有其缺点，例如有些行为信息在日志文件中体现不出来。对于用户的每次请求，代理需从 Web 服务器取得数据。该收集方法不能准确地确定浏览用户，对访问页面的采集不够全面，采集时间不准确。

第二节　数据挖掘与用户行为分析

互联网和通信技术的发展使得网络成为人们获取信息分享信息的主要渠道，越来越多的用户参与到网络活动中。用户创造了海量的网络信息，且互联网是一个开放的平台，通过网络信息采集工具可以获取大量的网络数据，从而为互联网的实证分析提供了丰富可靠的数据来源。高性能处理器的出现及并行计算能力的提高，使得对大规模数据的处理有了可能。因此，对互联网海量数据的分析逐渐被提上日程。对获取的互联网数据，不仅可以进行实证发现规律，还可以通过数据挖掘手段，利用数据在时间空间等方面的相关性，根据已知数据训练模型以预测未知。Web 数据挖掘建立了数据挖掘、Web 资源开发与利用以及用户行为分析三者之间的联系，因此，Web 数据挖掘对于研究 Web 资源开发与利用以及用户行为分析具有至关重要的作用。

Web 数据挖掘的目标是从网页内容、Web 超链接以及用户上网日志中去挖掘有价值的数据信息。根据数据挖掘中所使用的数据类别的不同，Web 数据挖掘被划分为内容挖掘、Web 结构挖掘和 Web 使用挖掘三种主要类型。

1）Web 结构挖掘：主要应用于搜索引擎的实现中，是最早发展起来的技术。该挖掘技术是从 Web 结构的超链接中去探寻有用的知识。比如在超链接中通过搜索引擎技术找出其中重要的网页，从中发掘出有共同兴趣的用户社区。

2）Web 内容挖掘：从网页内容中抽取出有用的知识和信息。例如，根据网页主题自动地进行聚类和分类，有目的地从网页中抽取有用的信息，进一步来挖掘用户态度。

3）Web 使用挖掘：从记录用户点击情况的日志中挖掘用户的访问模式，是分析用户行为的最主要的方法。当用户打开一次网页，就完成了一次 HTTP 请求，服务器记录相关记录，根据这些记录信息就可以研究用户的访问模式。例如，用户在哪些网页停留的时间比较长，喜欢浏览的内容有哪些，网页中哪一部分内容是用户感兴趣的等。

Web 日志挖掘是一种最常见的 Web 数据挖掘技术并被广泛应用于用户行为分析领域。目前，Web 日志挖掘取得了一些重要成果，典型代表有：詹圣君通过对搜索日志进行挖掘，分析用户行为特点，将用户行为反馈模型与 PageRank 算法相结合，并提出改进的 N-PageRank 算法，建立改进的排序模型，从而改善排序结果的准确性。李纲等通过对 Web 日志进行分析，运用简单关联规则及序列关联规则来分析用户的行为特征及用户浏览网页的顺序偏好，从而改进用户访问体验。王继民等综述了基于日志挖掘的移动用户行为研究，并对比了不同用户行为特征的异同点。郭俊霞等针对网页浏览日志中的过程查询划分的方法，对用户真实的浏览行为习惯进行统计分析，并对选取的一个社区网站浏览记录进行网页信息的时效性进行分析，表明用户不满意的主要原因是查询的相关度不高。万飞等选取移动搜索引擎一周的日志，从查询词、会话化及用户点击三方面对查询词的长度和频度、会话内查询个数、问题式查询和网址查询比例、查询词的修改方式化及用户点击位置进行分析，并和互联网相应指标相对比。李军通过收集用户网页点击行为和搜索行为的数据，构造用户行为和类别的预测模型，并提出利用数据挖掘和机器学习相结合的方法构建自适应过滤器排序模型，设计并实现了用户行为数据安全管理引擎。苑卫国针对微博用户特征量分布特点以及用户发布行为的规律，构建用户发布微博的行为模型，研究微博用户特征量分布的形成机制以及增长规律，对用户网络节点中也性特征提出用户影响力的度量方法，提出了基于社团和混合连接特征网络演化模型。邓炳光等针对特定业务网站爬虫数据有限的问题，设计了一种基于特定页面分析的聚焦爬取模块，该模块采取多线程、多任务的模块化思想，高效爬取特定信息，为 DPI 匹配提供了数据的支持。王继民等基于某大型学术网站包含的 300 多万条有效日志数据进行分析查询串、搜索时间的分布、搜索会话、移动搜索设备终端等基本特征指标进行研究。陈三川等提出了一种基于日志挖掘的移动用户访问模型自动构造方法以及基于状态机的移动用户访问模型的构造方法，上述方法能够有效获得移动用户的用户界面访问行为。李建廷等针对网页浏览行为下的用户兴趣度进行计算，在基于网页驻留时间以及通过浏览次数计算网页兴趣度的基础上，又考虑了网页的大小，通过浏览速度来计算网页兴趣度，再利用 BP 神经网络进行用户兴趣度的融合，为用户兴趣模型的建立打下了基础。付特通过统计分析搜索引擎日志，通过 boost 因子对网页排序算法进行了改进，将原始算法和用户反馈信息进行优化后的结果进行实验对比，证明优化后的排序算法改善了查询结果返回的排列顺序。

第三节　国内外研究进展

近年来，用户行为分析的研究受到工业界和学术界的广泛关注并取得了一些重要的研究成果。这些成果主要体现在以下几个方面。

一、在线消费者行为分析

在线消费者行为研究的终极目标是充分利用计算机技术更好地为人类社会服务。在互联网技术普及的新时代，消费者在互联网上呈现出来的行为和需求受到更多的关注。互联网本身是一个巨大的由复杂人类社会和计算机网络系统共同构建的复杂的智能化系统，在线消费者群体之间的相互影响、成员的构成统计学特征、个性化特征以及行为的规律性都可以转化成信息和数据形式。通过信息技术来管理、分析和挖掘，用来指导计算机网络系统的规划和企业战略的实施，指导网络资源信息系统和人类社会系统的和谐融合。

Beckett 等指出消费者如何做出选择在很大程度上是能够被控制的，当消费者处于不确定性较高并且所需投入的程度也比较高的情境时，他们很难进行完全理性的决策，而是更多地通过建立关系来减少不确定性。生产商不再试图主导消费者，而是变革概念框架，建立生产者和消费者之间的关系，通过"连接"管理技术对消费者的决策行为产生影响[135]。Celsi 等认为随着数据库技术和信息技术的飞速发展，企业管理者可以利用信息技术更好地了解消费者行为，从而对营销策略、制定产品组合以及网站页面设计等都有重要意义[136]。Mazaheri 等对加拿大和中国的消费者的网上购物行为进行研究，发现情绪体验会对网站态度、网站参与、服务态度以及购买意向有显著的影响[137]。Darley 等对在线消费者行为实证研究的文献进行综述，发现大部分研究都是讨论外部影响因素和决策过程，作者同时指出需要多样化的理论支持[138]。Punj 结合经济学、计算机科学和心理学构建了跨学科的消费者行为分析模型[139]。

国内比较有影响的在线消费者行为研究也有很多，典型代表有：史楠等基于依附理论，将网络消费者进行分类，运用实验研究的方法探讨了好友推介激励机制情景下依附模式对推介双方行为模式，以及奖金分配方式公平性的影响[140]。邱云飞等针对商品的评论中含有消费者的消费习惯、消费体验和消费偏好等颇有价值的信息，设计了一个网络环境下的消费者行为分析方法。该方法按照消费者信息进行消费者群体划分，进而发现不同消费群体对不同产品的喜好[141]。蒋一平深入分析了亚马逊网上书店用户与用户之间的协同信息行为，提出了图书馆要借鉴成功经验，把握数字化时代读者信息行为规律，实现与读者的协同合作[142]。陈毅文总结了影响消费者网上购买决策的因素并分析了风险认知和网上购物态度的中介作用[143]。

二、社交媒体用户行为分析

社交媒体用户行为包括如转发微博、分享文章、电影评分等采纳信息行为和欺诈、垃圾传播和僵尸粉等可疑行为。社交媒体用户行为分析的研究主要集中在用户行为的动态分析和用户行为的模型表示两方面。

（一）用户行为的动态分析

近年来，用户行为的动态特征和在线信息流的时序特征逐步得到重视。Sun 等在数据流和矩阵模型的基础上，提出动态张量分析方法刻画数据的动态性[144]。Lin 等提出分析动态网络中社区发现和社区演变的方法[145]。Koren 等结合时序特征给出协同过滤的动态分析方法[146]。Kumar 等分析了在线社交网络的结构和结构演变过程[147]。Lathia 等关注于推荐系统中的时序多样性[148]。Xiang 等融合用户的长期兴趣和短期兴趣实现资源的动态推荐[149]。Dunlavy 等运用矩阵和张量分解模型实现时序上的链路预测[150]。Yang 等从在线社交媒体中挖掘出信息传播的时序模式[151]。Radinsky 等提出在互联网中为动态行为进行建模和预测的方法[152]。Yu 等提出将时域上的关联性和模式上的差异性连接起来，用于挖掘突发的事件[153]。Chen 等对用户随时间变化的采纳信息能力建模[154]。Radinsky 等提出网络中预测内容变化的算法以及网络中动态行为的学习、建模和预测方法[155]。Sun 等分析了动态星形网络中的多类信息的共同演化机制[156]。Wang 等采用概率生成模型，分析研究主题随时间演化的特征[157]。Yuan 等针对 Twitter 用户发掘时空话题[158]。Yuan 等进一步利用时间信息，实现了地理位置的推荐[159]。Zheng 等利用多重相似度实现协同矩阵因子分解模型，用以预测药物和目标用户之间的交互信息[160]。Zhong 等在社交网络中为用户动态的社交关系建模，实现好友关系预测方法，乃至用户行为学习和迁移[161]。

（二）用户行为的模型表示

用户行为模型的表示方法包括概率主成分分析、概率矩阵因子化分解、矩阵摄动理论、非负矩阵分解算法、多协方差矩阵的通用成分分析、非负矩阵分解的进化分析和正交的张量分解。此外，Singh 提出了协同矩阵因子分解法来实现关系学习[162]。Cai 等设计了奇异值阈值算法用以实现矩阵的填充[163]。Sun 等提出立方奇异值分解方法实现个性化的网络搜索[164]。Cichocki 等提出非负矩阵/张量因子分解模型受约束的最小二乘法[165]。Bader 等提出 ASALSAN 方法用于语义图的动态分析[166]。Huang 等检测高阶奇异值分解和 K-means 聚类算法的等价性，同步选取张量子空间并实现聚类算法[167]。Kolda 等提出可扩展的张量分解方法实现多面性数据挖掘[168]。Sun 等提出包括理论和应用的增量张量分析算法[169]。Symeonidis 等用高维张量降维方法实现标签推荐[170]。在 2009 年，Kolda 等深入分析了张量分解方法及相关应用[171]。该工作得到了广泛应用，也产生了一系列的衍生工作。Grasedyck 提出基于张量数据的分层奇异值分解方法[172]。Rendle 等针对个性化标签推荐服务提出顺时针交互的张量因子分解模型[173]。Acar 等在数据填充问题中提出可扩展的张量因子分解方法[174]。Maruhashi 等在大规模的多元异构网络中采用张量分析法做模式挖掘[175]。Baskaran 等实现高效、可扩展的稀疏张量计算方法[176]。Wang 等提出基于图的多模态重排序算法，用于网络中图片搜索行为建模[177]。其他一些行为表示方法有：Wang 等探讨了社交媒体图片的相关和差异性搜索方法[178]；Ou 等提出基于多元异构的映射方法实现快速的相似度匹配[179]。

三、新媒体用户行为分析

随着各种新媒体系统和应用的涌现，新媒体系统中的用户行为越来越复杂，系统中生成的数据也不断累积，越来越多的研究人员开始从数据计算与分析角度来研究新媒体中的用户行为。2009 年 2 月，以哈佛大学 David Lazer 为代表的研究人员联名在 Science 上发表了关于"计算社会科学（computational social science）"[180] 的论文，论文围绕如何利用计算机技术研究社会运行规律和趋势展开讨论。借助计算社会科学理论，研究人员能够收集和分析大规模的人类行为数据并从中发现个人和群体行为的模式。计算社会科学使用计算机科学的方法分析信息社会中的数据，以此来发现真实社会的运行规律和用户的行为模式。以社交媒体为例，每一个社会热点问题的产生和社会现象的出现都会在社交媒体上出现海量的信息，从此类瞬间爆发的信息中提取出有用信息，是新媒体系统中社会现象分析和用户行为研究的一个重要途径。如何从社会现象中进行有效地数据获取和数据挖掘、如何对大规模数据进行有效的分析等问题，都是新媒体用户行为研究的重点和热点。众多学者在新媒体系统上通过数据分析、应用建模等开展了大量研究。亚利桑那州立大学 Huan Liu 借助数据挖掘和机器学习方法发现社交媒体中的隐性关系[181]、挖掘情感信号[182]、在基于位置的社交网络中进行用户移动行为建模[183] 等。北京大学的李晓明按照"社会科学需要计算，社会现象中蕴含着计算"的计算思维模式，采用基于社会网络的数据分析技术，根据用户行为分析结果进行推荐[184]。中国人民大学的孟小峰从数据分析与管理、数据保护方法、信息检索等方面进行研究，基于系统模型进行群体行为分析、隐私保护、网络结构分析等，并将分析结果应用于新闻舆情、公共管理、社会商务等领域[185]。哈尔滨工业大学的刘挺长期从事社交媒体方面的研究，在文本挖掘、文本检索、情感分析等领域开展研究工作[186]。清华大学朱文武以社会意识和社会事件为立足点进行社交媒体的分析，从中研究多关系域和语义的信息推荐[187]。中国科学院计算技术研究所的程学旗在社会信息网络模型、网络搜索与挖掘算法、大规模网络信息处理架构等方面提出了一系列原创性的理论，从社会关系网络的发展、信息社会化、信息内容分析，以及在线社会关系网络的结构分析、行为分析、影响力分析等不同角度进行用户行为分析[188]。

除了技术角度外，研究学者还从社会角度出发进行用户行为分析。

在人机交互领域，许多研究人员使用社会学、心理学、人类学、管理学等社会科学的理论和方法，从定性和定量两个方面解释和理解新媒体系统中的用户行为模式、用户交互规律和社会协作等问题。社会科学强调用户的真实体验，从新媒体应用平台的使用出发，对自然的交互行为模式进行解释与分析。Paul Dourish 从跨国和跨文化的背景下使用定性方法研究新媒体中的用户行为，如创客群体如何利用信息技术进行人机交互设备的创新、信息技术如何加速文化的同化现象、中国用户之间的关系对游戏体验的影响等[189]。Gloria Mark 通过实证研究探索新媒体技术在战乱和危机地区的作用，通过民族志方法研究战乱国家的民众如何使用社交媒体寻求帮助[190]。Mark Ackerman 从计算机支持的协同工作角度研究知识的管理与共享、社交问答网站中文化因素对用户问答行为的影响、中国在线社区中虚拟礼物对用户关系的作用等[191]。除了定性研究外，人机交互领域的学者还使用统计模型等定量方法分析新媒体系统中的用户行为。Robert Kraut 研究在线社区中影响用户参与社区和贡献内容的因素，研究内容涉及社区成员间的分工与合作、如何在社区中吸引新用户、如何提高在线社区中用户的参与度和贡献度以及如何利用这些因素指导在线社区的设计等[192]。Carl Gutwin 结合系统设计与定量分析，研究新媒体技术如何支持不同类型的用户进行协同工作，如：研究社会导航如何在关系紧密的群体中进行松耦合的信息获取、在线游戏网站中分析社会动力学问题、合成声音对分布式群件系统中用户感知的影响等[193]。

四、移动用户行为分析

随着宽带网络及电信业的快速发展，互联网的业务越来越趋于多样化。另一方面，网民的数量急剧增多，网络用户行为又具有多样性以及复杂性，这就为研究网络用户的行为带来了极大的挑战。目前，国内外的很多学者都从不同角度对网络用户行为进行了研究和分析。总的来讲，国内的研究主要集中在理论上的探讨或者从 Web 服务的角度来进行用户的行为分析。

王攀等对基于动态行为轮廓库（dynamic behavior profile，DBP）的行为分析方法进行了研究，提出了从四个方面（数据净化、用户识别、事务识别以及用户行为模式匹配）来建立用户行为分析的模型。首次提出了基于 DBP 的行为分析的关键技术，并采用网站黄页法和逆向搜索引擎法对动态行为轮廓库进行构建，所提出的方法较好地解决了 Web 用户行为分类的问题[194]。周庆玲针对现有移动用户行为分析方法，提出使用多维序列模式的挖掘算法来分析移动用户的上网行为，该方法在用户频繁浏览模式的基础上，又考虑了用户 IP、地域等其他维信息[195]。马安华针对用户行为分析与移动业务营销脱节的问题，提出了利用行为分析来提升运营商营销成功率的具体方法，并提出了详细建立用户画像模型的步骤，实现了具有自修正功能的行为分析系统[196]。肖觅等针对现有的基于派系的重叠社区发现算法中存在的移动社会化网络难以实施的问题，提出了一种回路融合社区发现算法。该算法在移动社会化网络中，首先利用简单回路发现算法来寻找 k 阶回路作为社区核，并按规则对社区核进行融合，从而得到了初步社区。然后将余下的离散点加入到初步社区中，并计算移动用户行为相关度，从而得到最终社区[197]。史艳翠等针对移动网络中个性化移动服务提出了一种上下文移动用户偏好自适应的学习方法。该方法首先根据移动用户上网日志来判断移动用户行为是否受到上下文影响，并判断移动用户行为是否发生变化。根据判断结果对移动用户偏好进行修正，对发生了变化的移动用户偏好进行学习时，在最小二乘支持向量机中引入了上下文，又提出了最小二乘支持向量机的上下文移动用户的偏好学习方法[198]。龚胜芳针对移动网络的拓扑结构呈动态变化的特征，从移动网络的动态性、重叠性和时效性方面对社区发现算法进行了深入的研究，提出了一种基于移动网络增量的动态社区发现算法[199]。肖觅提取网络中兴趣相似或关系密切的群体，对该群体进行应用以及服务的推荐，针对现有的基于派系重叠社区的发现算法难以实施的问题，提出了一种基于移动用户行为的回路融合社区发现算法；针对移动用户行为回路融合移动社区发现方法生成的社区粒度太大这个问题，对社区进行细化，得出更加精确的社区结构；针对移动网络动态变化的特性，提出了基于链接预测移动社会化网络社区演化方法，对已发现的社区结构进行了演化，从而减少无用推荐[200]。李学英针对移动环境下情景数据所具有的新特征，提出一种高效的用户行为挖掘和节能情景感知方法，并提出一种基于当前状态进行推断的节能情景感知模型以及基于状态时间间隔推断的情景感知模型[201]。余孟杰通过列举实例，详细阐述了用户画像的创建过程、如何构建用户画像，为进一步精准、快速地分析用户行为习惯以及消费习惯等商业信息提供了数据基础[202]。范琳与王忠民针对不同用户携带手机时位置和习惯的不同，通过手机传感器获取三轴加速度信息，在人体不同位置的行为数据中提取特征，构建了三种基于决策树的分类模型（矢量模型、位置—行为模型以及行为模型)[203]。孙静以向用户提供最大效用结果为目标，通过定量描述用户的反馈质量，考察用户偏好反馈，提出了一种基于最小遗憾度的偏好感知算法，并利用电影的推荐任务以及网络的搜索排名来验证算法的有效性[204]。欧阳柳波等针对信息检索中用词歧义的问题，利用领域本体在语义层面扩展形成初始扩展概念集，并结合用户查询日志对其进行二次扩展，提出了基于本体和用户日志的查询扩展方法[205]。刘树栋针对基于位置的网络服务推荐框架，给出了移动用户偏好相似度计算方法，并将其应用于网络服务推荐过程，形成了基于位置的网络服务推荐方法[206]。陈冬玲从用户潜在语义的用户动机出发，提出了基于概率潜在语义动机分析的用户行为模型以及无监督网页聚类算法，力争达到用户的查询和搜索引擎返回结果的高效进行匹配[207]。岑荣伟统计并分析互联网用户行为，并挖掘其与用户信息需求之间的关系，针对用户行为中的偏置和噪声问题，提出了基于点击粒度的搜索用户行为模型[208]。王立才针对目前的推荐系统中上下文用户偏好提取过程被忽略的问题，提出了一种上下文用户偏好提取方法。黄聪采用 Dirichlet-Multinomial 模型估计转移概率，运用吉布抽样算法优化模型参数，并通过加权思想对预测模型各阶段状态转移概率矩阵进行加权求和，再利用遗传算法对权重重新优化分配，从而挖掘出最佳的客户决策策略[209]。孟祥武等综述了移动用户需求的获取技术，概括了其中的关键技术、效用评价以及应用的实践，并展望了移动用户需求获取技术需深入研究的难点及发展趋势[210]。Song 等提出了一种随时间推移的 MAST（movement, action and situation over time）模型，并构建了一个独立的传感器子系统和 phone-cloud 协作模型利用手机传感器来预测用户行为[211]。

　　与国内的研究不同，国外对于行为分析的研究比较侧重于实际的应用。Marques 等指出在宽带进入个人家庭后对用户产生的行为变化[212]。Cambini 等站在运营商的立场，将宽带上网用户分成家庭型用户和办公型用户，并分别分析这两类用户所具有的行为特征[213]。Kihl 等认为网络流量的增加主要是由家庭用户引起的，家庭用户的流量相对比较稳定，而且呈有规律地变化，流量的大小和人口规模成正比的关系[214]。Cheng 等以 Youtube 为例，分析了社交网络类用户的行为分析问题。为了描述用户的行为而对每个用户提取出 9 个行为特征，并采用聚类算法进行聚类[215]。Goecks 等针对用户上网浏览的内容、上网时间、使用习惯等特征进行研究，指出这些特征可以通过客户端或者网页代码进行获取[216]。

在用户行为分析方面，笔者近年来也取得了一些成果，先后提出基于访问页面的多标记用户分类系统构建方法、面向大规模信息的用户分类方法、基于互信息的不平衡 Web 访问页面分类方法。本章重点介绍上述方法。此外，笔者针对具体应用中面临的部分挑战进行了研究，相关研究成果见文献[217-219]。

第四节 基于访问页面的多标记用户分类系统构建方法研究

随着信息技术的飞速发展，网络信息资源急剧膨胀，用户一方面可以快速、方便地获得各种信息，但另一方面很难找到自己所需的信息。在用户需求日益个性化的今天，信息服务模式逐渐由以"信息服务机构为主导"向"以用户为中心"转变，如何由服务器主动、及时地把用户感兴趣的信息推送给用户成为当前信息服务领域的研究热点。信息推送技术的关键在于如何利用访问页面将兴趣相同或相近的用户进行归类。常见的用户分类方法有：朴素贝叶斯、KNN、支持向量机、决策树、人工神经网络等。其中支持向量机以其性能优良、实现简单等优点而备受推崇。在 SVM 中，一个对象用一个示例表示，每个示例对应一个类别。但在实际应用中，由于客观事物的复杂性，一个示例可能与多个类别有关，如一篇新闻文档可能既属于"文学"类，又属于"历史"类，一个示例同时属于多个类别的情况称为多标记分类。当面对上述问题时，SVM 无法正常工作。鉴于此，提出多标记支持向量机（multi- label support vector machine，ML-SVM）并在此基础上构建基于访问页面的多标记用户分类系统[220]。该系统最大优势在于可以根据访问页面将用户归至相应兴趣类中。

一、算法描述

基于访问页面的用户分类系统主要包括 Web 文本预处理、特征提取、文本分类、分类结果评价等模块。该系统的工作流程是：首先对收集到的 Web 文本集合进行文本预处理，主要步骤包括数据清洗、文本分词、文本向量表示；然后利用笔者在文献提出的流形判别分析 MDA 对文本进行特征提取；之后利用多标记支持向量机 ML-SVM 对文本进行自动分类；最后对得到的分类结果进行评价。系统的整体结构如图4.1所示。

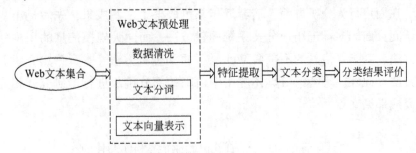

图 4.1　基于访问页面的多标记用户分类系统结构图

（一）Web 文本预处理

Web 文本预处理主要包括两个步骤：① 对 Web 页面进行清洗，清除掉一些与研究无关的文件，如图片文件以及 Web 中的脚本程序等；② 对页面中的文本信息进行提取，并调用中文分词算法切分出页面的特征词，同时根据向量空间模型（vector space model，VSM）[221] 得到特征词的权值，进而得到页面的特征向量。

（二）文本的向量表示

向量空间模型 VSM 是目前最流行的文本表示模型，VSM 模型把文档看作是以关键词权重为分量的一组正交向量，每篇文档被表示为一个关键词特征向量，每篇文档对应向量空间的一个点，于是文档集合中文档的匹配问题就转换为向量空间中的向量匹配问题。

将页面文档表示为 $D = \{(k_1, w_1), (k_2, w_2), \cdots, (k_n, w_n)\}$，其中 k_i 是在页面文档 D 中出现的关键词，w_i 是 k_i 的权值，$i = 1, 2, \cdots, n$。显然 w_i 越大说明 k_i 文档中的重要程度越大。

1. 页面特征词提取

Step1：将网页转化成文本，去除网页中与文档内容无关的标记。有些标记在反映其内容的重要性上有一定的标识作用，要给予保留，如<TITLE>、<B>、<STRONG>、<H1> ~ <H3>等，这些标记对于特征词权值计算起着重要的参考作用；

Step2：用逆向最大分词法对页面文档进自动分词；

Step3：利用停用词表过滤掉与文章内容无关的虚词，如 "的"、

"了"、"呢" 等；

Step4：排除低频词[222]。排除低频词的阀值应与文章长度成正比，因此在计算频率前应将低于一定阀值的词排除掉。低频阀值的确定方法见表4.1；

表 4.1 低频阀值确定方法

Length	Threshold
(0，200]	2
(200，4000]	3
(4000，10000]	4
(10000，25000]	5
(25000，+∞)	6

Step5：将剩下的词作为候选特征词，并保留它们在页面中出现的频率。

2. 特征词权重计算

Step1：根据词 t_i 在页面文档中出现的位置和次数 f_i，计算其频率 f_i'，计算公式如下：

$$f_i' = f_i \times s_i (i=1，2，\ldots，n) \tag{4.4.1}$$

其中 s_i 为词 t_i 对应网页标记的加权系数。s_i 的取值见表4.2。

表 4.2 HTML 部分标记权重设置表

HTML Tag	Weight
\<TITLE\>	1
\<H1\> \<H2\> \<H3\>	0.8
\<B\> \<STRONG\>	0.7
\<BODY\>	0.5

Step2：考虑到文档篇幅的长短不一，利用公式（4.4.2）对这些权值进行规范化处理。

$$tf_i = \frac{f_i'}{\sqrt{\sum_{i=1}^{n} f_i'^2}} (i=1，2，\ldots，n) \tag{4.4.2}$$

在得到了页面特征词及其权值后，可以将页面 p 表示为 $p = \{(k_1，tf_1)，(k_2，tf_2)，\cdots，(k_n，tf_n)\}$，其中 k_i 为页面特征词，tf_i 为其对应的权值。

（三）页面特征提取

线性判别分析 LDA 和保局投影 LPP 是当前主流的特征提取方法，两者在业界得到广泛应用。然而，随着应用的深入，上述方法的性能受到严重挑战：LDA 和 LPP 得到的投影方向均未充分利用样本的分布信息；LDA 仅关注样本的全局特征，而 LPP 仅以样本的局部特征作为特征提取依据。鉴于此，笔者提出流形判别分析 MDA，其基本思路是在 Fisher 准则的基础上通过最大化基于流形的类内离散度 M_W 和基于流形的类间离散度 M_B 之比获得最佳投影方向。M_W 由两要素组成：各类样本与其类中心之间的距离以及相邻同类样本的相似度，前者反映样本的全局特征，后者反映样本的局部结构。与之相对应地，M_B 也由两要素组成：各类样本中心间的距离以及相邻异类样本的差异度。该方法同时考虑了样本的全局特征和局部特征，因而特征提取效率有较大幅度的提升。

MDA 算法流程如下：

输入数据：样本集合 X 及降维数 d

输出数据：样本集合 X 对应的低维集合 Y

Step1：创建邻接图 $G_D = \{X, D\}$ 和 $G_S = \{X, S\}$，其中 D 和 S 分别表示异类和同类样本间的权重。当样本 x_i 和 x_j 异类时，则在两者之间新增一条边，形成异类邻接图；当样本 x_i 和 x_j 同类时，则在两者之间新增一条边，形成同类邻接图。

Step2：计算异类权重 D 和同类权重 S。分别利用同类权重计算公式和异类权重计算公式计算异类权重 D 和异类权重 S。

Step3：分别计算类间离散度 S_B、类内离散度 S_W、基于流形的类间离散度 M_B 以及基于流形的类内离散度 M_W。

Step4：计算最佳投影矩阵 W。最佳投影矩阵 W 满足等式 $M_W^{-1} M_B W = \lambda W$ 或 $M_W'^{-1} M_B W = \lambda W$ 的解。上式前 d 个最大非零特征值对应的特征向量构成投影矩阵 $W = [w_1, \cdots, w_d]$。

Step5：对样本进行特征提取。对于任意样本 $x_i \in X$，可得 $y_i = W^T x_i$。

（四）多标记支持向量机

在传统分类方法中，一个对象用一个示例表示，而且该示例只对应一个类别标记；在多标记分类中，一个示例对应多个类别标记。两者的比较如图 4.2 所示。

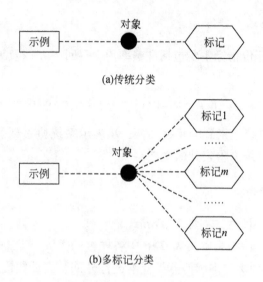

图 4.2　传统分类与多标记分类比较

具体到文本分类中，一篇文本可能同时属于几个主题。例如，一篇关于北京奥运会开幕式的文本，它可能同时反映诸如"体育""艺术""人文""历史"等多个主题。

给定多标记训练样本 $D = \{(x_i, y_i)\}_{i=1}^{N}$，其中 x_i 表示一个示例，$y_i \in \{-1, +1\}^K$ 表示与 x_i 相关的类别标记，K 为标记个数。如果 $y_{ik} = 1$，表明示例 x_i 属于第 k 类（$k = 1, 2, \cdots, K$）。多标记支持向量机 ML-SVM 最优化问题表示如下：

$$\min_{w_i, b_i, \xi_i} \frac{1}{2} \parallel W_k \parallel^2 + C \sum_{i=1}^{N} \xi_{ik} \qquad (4.4.3)$$

$$s.t \quad y_{ik}(W_k^T x_i + b_k) \geq 1 - \xi_{ik}, \xi_{ik} \geq 0 \ i = 1, \cdots, N \qquad (4.4.4)$$

其中 C 为惩罚因子，ξ_{ik} 为松弛因子。上述优化问题解决了传统支持向量机一次运行只能解决二分类问题的弊端。针对多标记学习问题，传统支持向量机将一个多标记问题转化为多个单标记问题，而多标记支持向量机的最大优势在于一次运行便可识别出样本的多个标记。由以上分析可以看出：与传统支持向量机相比，多标记支持向量机的分类效率更高。

ML-SVM 决策函数为：

$$f_k(x_i) = W_k^T x_i + b_k \qquad (4.4.5)$$

当 $f_k(x_i) > 0$，x_i 属于第 k 类；否则，x_i 不属于第 k 类。

（五）分类结果评价

分类结果评价指标主要包括准确率 P、召回率 R 以及 $F1$ 值，其定义如下：

$$P=A/A+B, \quad R=A/A+C, \quad F1=2\times P\times R/P+R$$

其中，A 表示系统检索到的相关文档，B 表示系统检索到的不相关文档，C 表示相关但系统未检索到的文档。

（六）算法描述

输入数据：训练文本集 X_Train

输出数据：待测文本集 X_Test 中各样本的类属

Step1：对训练样本和待分类样本进行分词、去低频词和停用词等预处理；

Step2：利用向量空间模型 VSM 对文本特征进行向量表示；

Step3：利用流形判别分析对文本向量进行特征提取；

Step4：在训练样本上运行多标记支持向量机 ML-SVM 得到分类依据：通过求解 ML-SVM 的最优化问题得到支持向量；利用 Lagrangian 定理求得分类面的方向矩阵 W_k 和截距 b_k 并将其带入（4.4.5）式可得 ML-SVM 的决策函数。

Step5：利用 ML-SVM 的决策函数对任一待测样本 $x \in X\_Test$ 进行类属判定。

Step6：根据分类结果评价其准确率 P、召回率 R 以及 $F1$ 值。

二、实验分析

实验选取 2013 年 12 月 1 日至 2013 年 12 月 31 日 1 个月内 10 个用户访问的网页作为实验对象。各用户访问的页面数量及类别情况如表 4.3 所示，其中 C1 表示体育类，C2 表示文学类，C3 表示历史类，C4 表示生活类，C5 表示地理类，C6 表示科技类，C7 表示政治类，C8 表示经济类。将上述文本的 70% 作为训练样本，剩余部分作为测试样本。实验的评价标准主要包括准确率 P、召回率 R 以及 $F1$ 值。将实验数据集输入 ML-SVM 和 SVM，得到的实验结果如表 4.3 所示。

表4.3　实验数据集

用户 ID	页面集合 ID	浏览页面数	类别
User_1	S_1	2430	C1 C3 C5 C6 C8
User_2	S_2	3313	C2 C3 C5
User_3	S_3	2221	C1 C2 C3 C6
User_4	S_4	2525	C4 C5
User_5	S_5	2800	C3 C4 C6 C7 C8
User_6	S_6	1199	C1 C4 C6
User_7	S_7	2033	C7 C8
User_8	S_8	3360	C2 C3 C4 C5
User_9	S_9	2001	C6 C8
User_10	S_10	2789	C2 C5 C8

由表4.4可以看出：除了 C3 类以外，ML-SVM 的准确率 P、召回率 R、$F1$ 值以及平均值均优于 SVM。这表明较之 SVM，ML-SVM 具有更优的多标记分类性能，本文构建的多标记用户分类系统能有效地根据访问页面将用户归至相应兴趣类中。

表4.4　实验结果

类别	ML-SVM			SVM		
	P（%）	R（%）	$F1$（%）	P（%）	R（%）	$F1$（%）
C1	92.76	88.51	90.59	88.30	81.19	84.60
C2	90.35	85.50	87.86	87.45	86.73	87.09
C3	76.40	65.11	70.30	77.65	68.53	72.81
C4	88.06	81.18	84.48	82.24	79.66	80.93
C5	96.24	89.92	92.97	93.21	85.78	89.34
C6	75.64	68.58	71.94	70.08	65.57	67.75
C7	85.67	79.96	82.72	80.09	78.88	79.48
C8	92.43	89.97	91.19	90.79	90.01	90.40
平均值	87.19	81.09	84.01	83.73	79.54	81.55

第五节　面向大规模信息的用户分类方法研究

搜索引擎是查找信息的主要工具，但其查询返回结果相关率并不理想。为了进一步提高信息服务的质量和用户满意度，开发性能更加优越的个性搜索引擎系统成了当务之急。个性化搜索引擎通过收集和分析用户的浏览信息来获取用户的行为和兴趣，从而达到返回用户个性化搜索结果的目的。所谓个性化是指通过分析用户输入的检索要求、用户浏览的页面以及用户的使用日志等获取满足用户个性化需求信息。目前，个性化搜索引擎大多是针对用户检索要求"被动地"提供信息服务。未来信息服务发展方向是信息主动推送，传统的个性化搜索引擎关注的是用户的差异性，而信息主动推送更强调用户兴趣的相关性。因此，如何通过访问记录获取用户兴趣以及如何将兴趣相同或相近的用户归为一类，是个性化信息主动推送面临的主要问题。如何通过访问记录获取用户兴趣以及如何将兴趣相同或相近的用户归为一类，是个性化信息主动推送技术面临的主要问题。支持向量机是一种广泛使用的分类方法，但在互联网环境下，其面临大规模数据分类和隐私泄露问题。为了进一步提高分类效率，提出面向大规模信息的用户分类方法[223]。该方法不仅解决了大规模用户分类问题，还保证分类过程中用户信息安全。

一、算法描述

(一) 支持向量机面临的问题

由支持向量机 SVM 的最优化问题可知，线性 SVM 本身实现了隐私保护，原因是线性 SVM 决策函数 $f(x) = W^T x + b$ 中权重 W 是所有支持向量的线性组合，每个支持向量的敏感内容由于权重 W 的存在而不被暴露。但线性 SVM 使用范围有限，核方法的引入导致线性 SVM 隐私保护作用消失：由核 SVM 的判别函数 (2.3.11) 式可以看出，判断样本 x 的类属必须事先得知所有训练样本信息，这对隐私保护带来巨大挑战。此外，当面临大规模数据时，SVM 的分类性能受到很大影响。

(二) 用户分类方法研究

为了能够解决 SVM 面临的两大问题，提出面向大规模信息的用户分类方法 UCM。该方法首先对页面进行预处理，得到页面集合；然后将页面集合划分成若干子集并在各子集上运行分类超平面 (separating hyperplane, SH) 算法得到相应的决策函数 $f_i(x)$；最后通过非线性函数将上述决策函数 $f_i(x)$ 集成，得到最终的决策函数 $f(x)$，进而实现用户分类。为了表述方便，后两步称为基于分类超平面的非线性集成分类方法（nonlinearly assembling classification method based on separating hyperplane，NACM）。UCM 的流程图如图 4.3 所示。

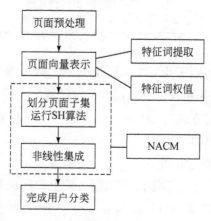

图 4.3　UCM 流程图

1. 页面的表示

通过挖掘用户访问的页面信息可以发现用户的兴趣，从而为将兴趣相同或相近的用户归为一类奠定基础。因此，首先应将页面进行预处理及向量表示，处理方法同"基于访问多标记用户分类系统构建方法研究"所提的页面预处理及向量表示方法。

2. 面向大规模信息的用户分类方法

与核 SVM 相比，分类超平面 SH 的最大优势在于仅需要三个数据点就能确定分类面。这在很大程度上降低了隐私泄露的风险。然而随着数据规模不断增大，SH 的时间规模急剧增加。由此可见，SH 仍无法解决大规模数据分类问题。基于上述分析并借鉴管理学中的协同思想，提出基于分类超平面的非线性集成分类方法（nonlinearly assembling classification method based on separating hyperplane，NACM）。

在管理学中，协同指协调两个或者两个以上的不同资源或者个体，协同一致地完成某一目标的过程或能力。在一个系统内，若系统中各子系统能很好配合，多种力量就能集聚成一个总力量，形成大大超越原各自功能总和的新功能。将上述思想运用于大规模页面分类，可得 NACM 方法。

NACM

Step1：将页面集合 D 分为 M 个子集 $\{D_1, D_2, \cdots, D_M\}$ 并在每个数据子集 $D_i(i = 1, 2, \cdots, M)$ 上运行 SH 算法得到相应的决策函数 $f_i(x)$；

Step2：通过非线性函数将上述决策函数 $f_i(x)$ 集成，得到最终的决策函数 $f(x)$。

由 NACM 方法可以看出：NACM 不仅最大限度地发挥 SH 具有的优势，而且将 SH 的适用范围从小规模数据扩展到中大规模数据；NACM 通过非线性函数集成的方式将 SH 从原始线性空间推广到非线性空间，有效地扩大了其适用范围。

（1）页面集合划分方法

为了避免引入"数据不平衡"问题，采用"随机等分法"对数据集进行划分。假设两类页面数分别为 n^+ 和 n^-，则两类页面数之比 $p = n^+/n^-$。若将两类页面组成的集合 T 等分成 M 份，则每个子集的规模为 $s = [n^+ + n^-/M]$，其中 $[\cdot]$ 表示取整。随机等分法要求每个子集中的页面从集合 T 中随机选取，各子集满足两类页面数之比及子集规模分别等于 p 和 s 且各子集无交集。这样，在一定程度上避免数据子集出现只有一类数据或一类数据过多而另一类过少等"数据不平衡"问题。

（2）非线性集成方法

NACM 试图通过页面集合划分以及非线性集成两步解决大规模页面分类问题。其中，非线性集成函数的选取至关重要。

当前常用的核函数有：高斯核函数、多项式核函数、Sigmoid 核函数、Epanechnikov 核函数等。其中，径向基函数 RBF 具有若干优良性质，在实际应用中特别在非线性分类方面表现出一定优势。因此，将 RBF 核函数的非线性特性和 SH 的隐私保护特性有机地结合起来，从而将 SH 的适用范围从线性空间推广到非线性空间。同时，为了将各页面子集上的分类结果有效集成，因此引入非线性输出权重 $\alpha_i(i = 1, 2, \cdots, M)$，其满足 $\alpha_i \geqslant 0$。综上，非线性集成函数可表示为：

$$f(x) = \sum_{i=1}^{M} \alpha_i exp(- \parallel x - \mu_i \parallel^2/h)(W_i^T x - b_i) \qquad (4.5.1)$$

其中，径向基核函数中的参数 μ_i 通过求解各数据子集的中心获得；参数 h 通过网格搜索获得。由"页面集合划分方法"可知，各页面子集的分布性状近似，因此特别地令 $\alpha_i = 1/M$。

二、实验分析

为了检验面向大规模信息用户分类方法 NACM 的有效性，本节通过模拟实验进行验证。实验选取 2012 年 3 月 1 日至 2012 年 3 月 30 日 30 天内 8 个用户访问的网页作为实验对象。用户及其浏览的页面数如表 4.5 所示。

表 4.5 用户及其浏览页面数

用户 ID	页面集合 ID	浏览页面数
User_1	S_1	3218
User_2	S_2	2854
User_3	S_3	3102
User_4	S_4	4533
User_5	S_5	2345
User_6	S_6	1000
User_7	S_7	2817
User_8	S_8	3211

对上述页面进行向量表示后，为了将用户全部归类，故将上述页面集合两两组合并分别运行 SVM、SH 和 NACM。随机选取页面集合的 70% 作为训练样本，余下的 30% 作为测试样本。将页面集合近似等分为 M 份，并令 M = 20。实验结果记录于表 4.6，其中 C_1、C_2、C_3 分别表示各用户的类属；"--"表示在有限时空范围内无法求解。上述算法的分类时间记录于表 4.7，单位为秒（s）。

表 4.6 对比实验结果

用户 ID	SVM	SH	NACM
User_1	--	--	C_1
User_2	--	--	C_1
User_3	--	--	C_3
User_4	--	--	C_2
User_5	--	--	C_2
User_6	C_1	--	C_1
User_7	--	--	C_2
User_8	--	--	C_3

表4.7　算法分类时间

页面集合	SVM	SH	NACM
S_1	--	--	9.8
S_2	--	--	9.3
S_3	--	--	9.5
S_4	--	--	13.4
S_5	--	--	6.9
S_6	1200.3	--	3.0
S_7	--	--	5.1
S_8	--	--	8.8

由表4.6 和表4.7 可以看出：在面对较大规模页面信息时，传统方法 SVM 和 SH 基本上无法求解（除 S_6 外），而 NACM 能快速得到分类结果。由此可见，NACM 在解决大规模页面分类问题上的有效性是传统方法所不具备的。

在隐私保护方面，以页面集合 S_6 为例进行分析。页面子集规模为 $1000/M = 50$。由 NACM 工作原理可知：在各页面子集上运行 SH，由于 SH 由 3 个页面向量决定，因此，NACM 在决策过程中共暴露 60 个页面信息。研究表明：分类过程发现的支持向量数越少，暴露的信息就越少，则越能保证分类过程中信息的安全性。因此，NACM 在一定程度上对用户信息进行了隐私保护。

第六节　基于互信息的不平衡 Web 访问页面分类方法研究

如何通过访问页面获取用户兴趣以及如何将兴趣相同或相近的用户归为一类，是个性化信息服务面临的主要问题。文本自动分类技术是解决上述难题的一种有效途径。所谓文本分类是指在给定的类别标记集合下形成文本分类体系，然后对未知类别的文档进行自动处理，并根据文档特征来判断其所属类别的过程。文本自动分类作为文本信息挖掘的重要技术，在提高信息利用的有效性和准确性上都具有广阔的应用前景和重要的现实意义，近年来被广泛应用于搜索引擎、信息检索、数字化图书馆等领域。

目前，对文本分类算法的研究可归纳为三类：①基于概率模型的分类算法，如朴素贝叶斯、KNN、类中心向量、支持向量机、最大熵等方法；②基于规则的分类算法，如决策树、粗糙集理论等；③基于链接的分类算法，如人工神经网络。在众多分类方法中，决策树以其简单、高效、易于理解等优点而备受推崇。常见的决策树算法有 ID3，C4.5，CART 等。

上述方法均以正确率最大化为目标，因而无法有效地处理不平衡文本数据。所谓数据不平衡是指各类文本数据量存在数量级的差距，数据分布具有倾斜性。针对这一问题，研究人员提出不平衡文本数据处理方法，归纳起来主要基于以下两种思路：重采样和分类器集成。重采样通过改变样本分布，降低样本的不平衡度。其中，过采样增加稀有类样本数，而欠采样通过减少大众类样本数实现样本规模的均衡。Kubatm 等将稀有类和大众类重合区域内的样本设定为稀有类样本，若该重合区域较大则可以减少两类的不平衡度[224]；Zhang 等结合不同样本的分布情况，提出四种基于 K 近邻的欠采样方法，旨在克服大众类样本信息的丢失[225]；Chen 等通过修剪大众类的支持向量实现训练样本的均衡[226]；Liu 等提出两种启发式欠采样算法：Easyensemble 算法通过将大众类样本划分为多个子集，每个子集与稀有类样本进行平衡学习，最后集成多个子分类器进行分类决策；Balancecascade 算法利用分类器顺序学习策略，每一轮将分类器能够正确分类的样本作为冗余样本去除，直到大众类样本数与稀有类相当。过采样方法通过复制稀有类样本使数据达到平衡，这样会带来更大的时间开销和过学习问题[227]。SMOTE 算法[228]发展了过采样思想，通过人工合成样本方法来克服过学习问题，但其没有考虑相邻样本的分布，可能引起样本重叠。He 等提出自适应样本合成方法，通过样本的密度分布确定每个稀有类样本的权重来补偿样本分布的偏移。分类器集成方法由训练样本构造一组基分类器，通过对各基分类器的预测进行投票实现分类[229]。常见的方法有 Bagging、Boosting、Random Forest 等。AdaBoost 是一种典型的 Boosting 方法，它对训练样本的分布迭代加权，通过增加错误分类样本的权重以及减少正确分类样本的权重实现不平衡样本的分类；将抽样技术和集成技术相结合产生的不平衡样本分类方法也取得很大成功，典型代表是 SMOTEBoost[230]。

在深入分析当前不平衡数据分类方法的基础上，探讨 C4.5 决策树与互信息之间关系，利用信息论的最新研究成果提出基于信息论的代价缺失决策树来提升不平衡 Web 文本分类效率[231]。

一、算法描述

Web 文本预处理、文本的向量表示等方法同 "第四节基于访问多标记用户分类系统构建方法研究"。

(一) 基于互信息的不平衡 Web 文本分类算法

当前主流分类方法主要可分为代价敏感学习和代价缺失学习。代价敏感学习主要考虑在训练分类器时不同的分类错误导致不同的惩罚力度，该方法与用户事先给定的代价信息有关。然而，实际应用往往面临代价信息无法事先给定或给定的代价信息不准确，此时，代价敏感学习的效率很不理想。鉴于此，研究人员提出代价缺失学习，该方法与代价信息无关，有效地解决了代价敏感学习方法对代价信息过分依赖的不足。研究的基本思路是在代价信息未知的情况下修正 C4.5 决策树算法。具体做法是：在传统分类器中，混淆矩阵 [见公式 (4.6.1)] 用于存放分类结果，其中 TN 和 TP 反映分类器的性能。对混淆矩阵进行归一化处理，可得到只有一个自由变量的混淆矩阵。在决策树生成过程中，将代价信息作为未知变量对结点产生的信息熵进行加权，加权公式见公式 (4.6.2)。通过最大化预测类别和真实类别之间互信息可以自动获取自由变量值 [见公式 (4.6.3)]。该方法不仅可以确定代价矩阵，而且可以在代价未知的情况下对不平衡数据进行分类。基于互信息的决策树剪枝方法类似于传统 C4.5 决策树的剪枝方法，其目标是为了保证互信息最大：若剪枝后互信息变大或不变，则剪枝；否则，保留该结点。

$$C = \begin{bmatrix} TN & FP \\ FN & TP \end{bmatrix} \tag{4.6.1}$$

其中，C 表示混淆矩阵，TN 表示正确识别的负类样本数，FP 表示错误识别的正类样本数，FN 表示错误识别的负类样本数，TP 表示正确识别的正类样本数。

$$Entropy(D \mid \alpha_1, \alpha_2, \cdots, \alpha_m) = \sum_{i=1}^{m} \alpha_i * (-\lambda_i \log_2 \lambda_i) \tag{4.6.2}$$

其中，D 表示训练样本，m 表示类别个数，λ_i 表示第 i 类训练样本所占的比例。

$$\alpha^* = \underset{\alpha}{\mathrm{argmax}}\, NI(t, y = f(g(x), \alpha)) \tag{4.6.3}$$

其中，α 为未知参数，t 为真实类别，y 为预测类别，$g(x)$ 表示样本 x 对应的决策树内部信息。

上述基于互信息的决策树属于代价缺失学习范畴，其与代价敏感学习的关系如图 4.4 所示。在不平衡文本学习中，当代价信息事先给定时，则可直接利用代价敏感方法进行学习；当代价信息无法事先给定时，可以利用代价缺失方法获取相应代价信息，而后利用代价敏感方法学习。可以说，代价缺失学习为用户提供较好的分类结果，同时也为代价敏感学习提供必要的代价信息。

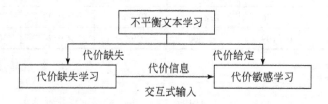

图 4.4　代价缺失学习和代价敏感学习的关系

（二）算法描述

输入数据：待分类文本
输出数据：文本的类别
Step1：对训练样本和待分类样本进行分词、去低频词和停用词等预处理；
Step2：利用向量空间模型 VSM 对文本特征进行向量表示；
Step3：在训练样本上运行基于互信息的决策树算法得到分类依据；
Step4：利用分类依据对测试样本进行分类；
Step5：根据分类结果评价其准确率和召回率。

二、实验分析

为了验证本文所提不平衡文本分类方法有效性，选择搜狗实验室共享新闻语料集。其中，文学 1800 篇，地理 30 篇，体育 500 篇，生活 1000 篇，艺术 400 篇，共计 5 大类 3730 篇。将上述文本的 70% 作为训练样本，剩余部分作为测试样本。

评价标准主要包括召回率 R 和准确率 P，其定义如下：

$$R = A/A + C, \quad P = A/A + B$$

其中，A 表示系统检索到的相关文档，B 表示系统检索到的不相关文档，

C 表示相关但系统未检索到的文档。

在上述语料集运行基于互信息的不平衡 Web 文本分类算法得到如下实验结果：

由表 4.8 可以看出：基于互信息的不平衡 Web 文本分类算法在召回率和准确率两方面均可达到较高水平，这表明该方法具有良好的分类能力，能较好地完成 Web 文本分类任务。

表 4.8　实验结果

类别	文学	地理	体育	生活	艺术
召回率	0.9296	0.8571	0.9067	0.9233	0.9250
准确率	0.9109	0.7500	0.9379	0.9174	0.9392

第五章　Web 资源个性化推荐方法研究

　　随着互联网的飞速发展，接入互联网的服务器数量以及互联网上的网页数量都呈现出指数增长的态势。2014 年 1 月，由中国互联网络信息中心发布的《第 33 次中国互联网络发展状况统计报告》中称：截至 2013 年 12 月，中国网民的数量已经达到 6.18 亿，全年新增网民 5358 万人，互联网普及率已达 45.8%。互联网深刻改变了人们的生活。人们在面对大量信息时无法从中获取自己感兴趣的信息，出现了所谓的"信息爆炸"和"信息过载"问题[232]。如何根据每个用户的偏好从互联网海量信息中找到满足用户需求的信息，进而推荐给用户，已经成为一个亟待解决的问题。

　　个性化推荐是互联网技术和现代电子商务发展的产物，研究个性化推荐技术具有重要的理论和实际意义[233,234]。

　　在理论研究方面，个性化推荐技术的研究具有较高的学术价值。自 20 世纪 90 年代以来，个性化推荐技术受到国内外研究人员的广泛关注，并逐渐应用到各个行业。然而传统的个性化推荐技术还存在一些难以克服的缺陷，如评分数据的稀疏性、预测结果的精确性、推荐的实时性以及算法的扩展性等。这些问题严重影响了推荐系统的性能，并逐渐成为国内外学者研究的热点[235]。

　　在应用研究方面，随着互联网技术和现代电子商务的快速发展，个性化推荐技术的研究具有实践方面的需求。信息时代的到来改变了人们的生活方式，越来越多的用户习惯于从互联网上获取感兴趣的信息或从电子商务网站中购买需要的商品。但同时网络上的信息量每天都在快速增长，用户很难在短时间内寻找到自己感兴趣的信息，这就使得用户对个性化服务产生了迫切的需求。从企业方面看，个性化推荐系统对企业的贡献也是不可忽视的，它不仅可以增加网站的交叉销售能力，从而提高企业销售额；同时，通过向用户提供舒心的个性化服务，还能提高网站用户的忠诚度。

　　基于以上分析，个性化推荐对于进一步提高网络环境下用户信息搜索能力具有重要意义。鉴于此，本章将对 Web 资源个性化推荐方法进行较为深入的探索和研究。本章第一节引出个性化和推荐系统，第二节回顾了推荐系统的研究进展，第三节对基于兴趣图谱的学习资源推荐方法展开研究，第四节对移动情境感知的个性化推荐方法进行研究。

第一节　个性化及推荐系统

推荐系统的定义不少，但被广泛接受的推荐系统的概念是 Resnick 和 Varian 于 1997 年提出的："推荐系统是利用电子商务网站向客户提供商品信息和建议，帮助用户决定应该购买什么产品，模拟销售人员帮助客户完成购买过程。"[236] 个性化推荐是推荐系统根据用户的个性化特征，如兴趣、爱好、职业或专业特点等，主动地向用户推送技术适合其需要或可能感兴趣的信息资源的一种推荐技术。个性化推荐的本质是推荐系统通过记录用户的个体属性、行为习惯、兴趣爱好，主动分析用户个性化需求，并向用户推荐感兴趣的信息。个性化推荐系统是以用户为中心的个性化服务系统，它的核心是产生满足用户需求的推荐。在个性化推荐系统中，个性化包括两层含义：一是了解用户的个性化需求，并对这些需求给出清晰的描述；二是推荐的内容要可用，同时又体现出个人的倾向。

推荐系统的基本工作流程是[237]：首先根据用户个人偏好建立用户兴趣模型；然后，在信息资源库中寻找与其匹配的资源信息并产生推荐，以满足不同用户的个性化需求。推荐系统的通用模型如图 5.1 所示。

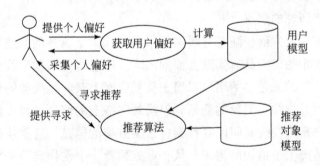

图 5.1　推荐系统通用模型

由图 5.1 可以看出：推荐系统由用户建模、推荐对象建模、推荐算法等模块构成。推荐系统把用户模型中兴趣需求信息和推荐对象模型中的特征信息匹配，同时使用相应的推荐算法进行计算筛选，找到用户可能感兴趣的推荐对象，然后推荐给用户。下面对推荐系统的三个重要模块予以说明。

一、用户建模

一个好的推荐系统要给用户提供个性化的、高效的、准确的推荐，那么推荐系统应能够获取反映用户多方面的、动态变化的兴趣偏好，推荐系统有必要为用户建立一个用户模型，该模型能获取、表示、存储和修改用户兴趣偏好，能进行推理，对用户进行分类和识别，帮助系统更好地理解用户特征和类别，理解用户的需求和任务，从而更好地实现用户所需要的功能。推荐系统根据用户的模型进行推荐，所以用户描述文件对推荐系统的质量有至关重要的影响。用户建模的过程如图 5.2 所示。

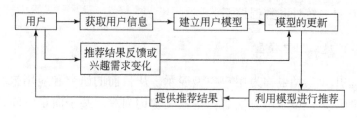

图 5.2　用户建模过程

推荐系统在获取用户信息的基础上建立用户模型，并根据一定规则及时对模型进行更新，推荐系统根据用户兴趣为其推荐所需信息，用户对推荐的结果进行反馈，以便能更好地反映用户新的需求。其中，获取用户信息、建立用户模型、模型更新是用户建模面临的三大问题。下面着重介绍上述三方面内容。

（一）获取用户信息

在图 5.2 中，用户信息包括：①用户输入搜索引擎的查询关键词；②用户浏览的页面；③用户的浏览行为；④服务器日志；⑤用户下载、保存的页面和资料等；⑥用户手工输入的有关信息。获取用户信息是一个获取与用户特征、偏好或活动相关数据信息的过程。用户兴趣的获取主要包括两种方式：显性收集方式和隐性收集方式。

显性收集方式包括动态相关反馈技术中的兴趣学习、预测算法以及基于用户交互的信息抽取技术。其过程通常是让用户在第一次生成用户兴趣知识时回答一系列的问题，根据用户所选择的答案，又启发式地转到更深入的问题。当系统将搜索结果经过过滤返回时，让用户对结果给出一个评价，用该评价及用户输入的检索词对用户个人兴趣进行重新提取，借助于反复迭代过程完成用户兴趣模型的动态更新与调整。这种收集方式简单、直接，有助于加速学习算法的速度，但它要求用户确知其兴趣并花费相应的时间和精力积极参与。

隐性收集方式主要包括基于内容的用户兴趣提取和基于用户查询行为的数据挖掘。基于内容的用户兴趣提取通常是对用户浏览过的文档内容，根据词条的频率特性进行目标特征的提取。通过对信息资源文档中存在的很多标记或位置信息（如 HTML 文档的超文本标记、科技文献资源的标题、关键词、摘要等位置信息）进行分析，确定词条的权重和重要性。基于用户访问行为的数据挖掘是指系统通过对用户查询、访问行为进行记录、统计和数据挖掘。

（二）建立用户模型

建立用户模型也称为用户模型表示。从目前的研究和应用来看，比较典型的用户模型表示方法有：主题关键词列表、基于向量空间模型的表示、用户-项目评价矩阵、基于案例的表示以及基于本体论的表示等。

1. 基于主题关键词的表示

主题关键词列表是最简单的方式，由一组关键词集合来表示用户感兴趣的主题内容。基于向量空间模型的表示对主题关键词列表进行了改进，是目前最流行的用户模型表示方法。该方法将用户兴趣表示成一个多维特征向量，向量的每一维由一个关键词及其权重组成，两者分别表示用户是否对某个概念感兴趣以及感兴趣的程度。基于向量空间模型的表示方法能够反映不同概念在用户模型中的重要程度。但是，用户偏好通常比较复杂，仅用一组关键词无法充分表述；再加上词语表达本身固有的同义性和语义分歧性，以及表示时没有考虑到的词序或语境问题，使得基于向量空间模型表示所产生的推荐可能包含许多偏颇结果。

2. 基于用户-项目评价矩阵的表示

基于用户-项目评价矩阵的表示用一个 $m \times n$ 矩阵来表示用户模型，其中 m 表示系统用户数，n 表示资源对象数。矩阵中的每个元素 t_{ij} 表示了用户 i 对项目 j 的评价或偏好。通常值越大，表示用户对相应项目的偏好程度越高。空值表示用户没有对相应的项目做出评价。这种表示方法常用于基于协同过滤的推荐系统。基于用户-项目评价矩阵的表示方法简单、直观,不需要任何学习技术就能够从收集的原始数据中直接生成,但也正因如此使得这种表示方法缺乏对用户兴趣变化的适应能力,难以及时反映用户的最新兴趣。

3. 基于案例的表示

基于案例的表示将用户检索过的案例或者与案例相关的一组属性值来表示用户兴趣偏好。例如在 CASPER 工作推荐系统中,将用户模型表示为用户检索过工作列表的形式,表中每一行包含了一个工作的 ID 号以及用户对该项工作的导航信息,如点击次数、浏览时间长度以及保存、申请等。相比之下,Entrée 系统将用户在当前会话中对餐馆烹调风格、价格、类别、氛围和适用场合五种属性的描述表示成用户模型。显然,基于案例的表示仅基于用户的单次查询,反映的是用户的短期需求,其表示的用户模型仅在本次会话中有效,而不能被下一次会话重用。

4. 基于本体论的表示

基于本体论的表示方法用一个本体来表示用户感兴趣的领域,如 Quickstep 系统使用一个学术研究主题本体表示用户感兴趣的研究领域; aceMedia 系统将用户的兴趣特征通过一个本体概念向量来进行描述。这些本体通常采用层次概念树的形式,树的每个节点表示了用户的一个兴趣类。引入本体表示用户模型的最大优势在于能够实现知识的重用和共享,包括用户间本体兴趣样本的共享以及与其他外部本体的知识交流与共享。但是,该方法遇到的最大问题是本体的设计问题。本体的设计在很大程度上依赖于研究人员的知识和经验,特别是当定义域很大时,本体设计的有效性更加难以保证。

(三) 模型的更新

用户模型更新的主要目标是以某种方式获取尽量多的知识,该知识用于表达用户兴趣及其变化。从目前的研究看,用户兴趣模型的更新主要包括两方面:一是采用某种机器学习方法对收集到的数据进行解释和推理,从中分离出噪音,形成与用户兴趣有关的知识,以产生具有结构化表示的用户兴趣特征;二是考虑用户兴趣的遗忘、衰减和变化机制。

用户原有的兴趣内容或兴趣样本随时间的推进而逐渐衰减，可利用基于时间窗或遗忘函数的兴趣衰减方式来反映用户兴趣的变化。

当前主流的用户建模方法可归纳为以下四类。

1）静态用户模型。静态用户模型是最基本的用户模型，适用于静态数据，即数据的统计量一旦获取就不会轻易改变。当得到用户模型，就不会再有用户喜好的变更。

2）动态用户模型。与静态用户模型相比，动态用户模型能更及时反映用户喜好的变化。随着用户兴趣的变化，模型的学习过程通过与系统的交互，可以获取用户兴趣的变化并增量式地更新用户模型。

3）基于模板的用户模型。基于模板的用户模型以人口统计学为基础，将用户分为若干类别，根据这些基本模板类别来设计系统。该系统可以在某个特定领域缺乏数据的基础上，来对用户进行假设，从人口统计学的信息可以得知，属于该模板类型的用户群体具有相同或相似的特性。

4）高适应性的用户模型。高适应性的用户模型试图对每个用户进行个性化的建模分析，由此针对用户建立具有高适应性的模型。与基于模板的用户模型相比，该模型并不依赖于人口统计学的知识，而是试图对每个用户找到一个独特的解决方案。由于具有高度的自适应性，这类用户建模方法可以获得更准确的用户模型。

上述四类模型之间并不排斥，在实际应用中，经常采用一种混合的方式。其中，静态用户模型和动态用户模型是从模型是否会随时间变化而发生演化的角度来讲的，而基于模板的用户模型和高适应性的用户模型则是从具体的建模方式上来讲的。

二、推荐对象建模

推荐系统应用于不同的领域，推荐的对象也各不相同，如何对推荐对象进行描述对推荐系统有着重要的影响。和用户描述文件一样，要对推荐对象进行描述之前要考虑以下几个问题：

①提取推荐对象的什么特征，如何提取，提取的特征用于什么目的。

②对象的特征描述和用户文件描述之间有关联。

③提取到的每个对象特征对推荐结果有什么影响。

④对象的特征描述文件能否自动更新。

利用推荐对象描述文件中的对象特征和用户描述文件中的兴趣偏好

进行推荐计算，获得推荐对象的推荐度。推荐对象的描述文件与用户的描述文件密切相关，通常的做法是用相同的方法来表达用户的兴趣偏好和推荐对象。

推荐对象包括众多的领域，如报纸、Usenet 新闻、科技文档、Email，还有诸如音乐、电影等多媒体资源等。不同的对象，特征也不同，目前并没有一个统一的标准来进行统一描述。

三、推荐算法

推荐算法是整个推荐系统最核心和关键的部分，在很大程度上决定推荐系统性能的优劣。推荐算法的研究是推荐系统中最为活跃的部分，大量的论文和著作都关注了该方面。目前，推荐算法的分类标准没有一个统一的标准，但受到大家公认的推荐算法包括以下几类：协同过滤推荐、基于内容的推荐、混合型推荐以及其他推荐。各推荐算法简介如下。

（一）协同过滤推荐

协同过滤作为当前研究最多、应用最广的个性化推荐技术，其核心思想是：首先，基于系统中的已有评分数据，计算给定用户（或项目）之间的相似性；然后根据计算得到的相似性，寻找与目标用户（或项目）的最近邻居集合；最后使用最近邻居集合中的用户（或项目）的评分情况来预测目标用户对目标项目的评分值，以此产生对目标用户的推荐。

常见的协同过滤算法包括两类：基于用户（User-based）的协同过滤算法和基于项目（Item-based）的协同过滤算法。其中，User-based 协同过滤出现最早，也是在实际生活中应用最广泛的推荐技术，它以用户–项目评分矩阵中的行（用户）为基础来计算用户之间的相似性；相反，Item-based 协同过滤技术则是以用户–项目评分矩阵中的列（项目）为基础来计算项目之间的相似性。这两个算法的共同点在于两者都是基于用户–项目评分矩阵来建立推荐系统模型，进而为用户提供个性化推荐服务的。

协同过滤技术在个性化推荐系统方面取得了巨大的成功，并得到了广泛的应用。总结起来，协同过滤系统具有以下优点。

1）具有推荐新信息、产生新奇推荐的能力，能够发现用户潜在的但尚未察觉的兴趣爱好；

2) 适用于推荐难以进行内容分析的资源：协同过滤不需要使用资源的具体内容，因此在资源内容难以分析的情况下，协同过滤是很好的选择。

然而另一方面，由于协同过来自身算法的特点以及随着互联网的发展和普及，用户和项目数量的暴增，协同过滤推荐系统也遭遇了一些难以克服的问题，比较典型的有数据稀疏性问题、冷启动问题、算法的可扩展性问题等。

1) 数据稀疏性问题：这是协同过滤推荐系统面临的最普遍也是最难以克服的问题，它已经成为导致系统推荐质量下降的一个首要问题。在许多推荐系统中，每个用户涉及的信息量相对有限，用户的评分数据往往十分稀疏。对于大型电子商务网站，其中包含的资源项目经常是数以亿计，而用户最多只对其中的 1% ~ 2% 进行评分，这样势必造成评价矩阵的极度稀疏，从而使用户（或项目）之间的相似性计算结果与实际相差甚大，导致推荐质量难以令人满意。

2) 冷启动问题：冷启动问题包括项目冷启动问题和用户冷启动问题。协同过滤推荐系统依靠用户对项目的评分数据产生推荐，因此当一个新项目刚加入系统时，由于没有任何用户对它进行评分，该项目肯定无法得到推荐；当一个新用户刚加入系统时，系统无法从该用户获取任何相关的评分信息，此时系统也无法向这个用户产生准确的推荐。

3) 扩展性问题：协同过滤算法的计算量将随着系统用户和项目数量的增加而急剧增长。面对数以亿计的用户和项目，传统的算法将遭遇到严重的扩展性问题。一旦推荐系统无法对用户做出及时推荐，该系统也失去了原有的作用。

4) 同一性问题：推荐系统中存在一些项目，由于外在特性不同被划分成不同的项目，然而它们在本质上却是属于同一项目，此时协同过滤系统不具备识别这种情况的能力。

（二）基于内容的推荐

基于内容的推荐系统首先通过分析系统用户已经评价过的资源项目的特征来获取用户兴趣的描述，然后通过比较用户与资源项目之间的相似度实现推荐的功能。它不是根据用户资源项目的评分信息，而是根据用户已经选择了的资源项目的特征来进行推荐。

基于内容的推荐系统首先为系统用户和资源项目分别建立一个描述

文件，然后根据用户已选择的项目描述文件来更新用户描述文件。用户描述文件通常记录了用户的兴趣、爱好、需求等个性化信息，而这些信息可通过系统显式或隐式地跟踪用户行为来获取。在定制了用户描述文件后，系统通过比较用户兴趣与资源项目描述文件的相似性，选择相似性程度较高的资源项目推荐给用户。

基于内容的推荐系统具有以下优点：通过使用用户和商品的描述文件，可以较好地解决冷启动问题；由于不需要用户的评分数据，因此可以较好地缓解系统评分数据稀疏性的问题；可以发现隐藏的"暗信息"，从而推荐新出现的资源项目和非流行的项目；通过列出推荐项目的内容特征，可以较好地解释推荐该项目的理由，使用户有较好的体验。

然而，基于内容的推荐系统由于受到信息检索技术的约束，也具有一些难以克服的缺点。

1）由于特征提取能力有限，基于内容的推荐技术通常只能应用于资源内容容易分析的系统，对于多媒体（图形、视频、音乐等）等难以进行内容分析的数据，往往由于缺乏有效的特征提取方法而无法实施。

2）推荐的资源范围过于狭窄，主要原因是系统总是尽可能向用户推荐与其描述文件最符合的资源项目，因此往往无法发现用户描述文件以外的潜在兴趣。

（三）混合型推荐

基于内容的以及基于协同过滤的推荐算法[238,239]由于自身算法的特点，在实际应用中都存在明显的缺陷，一种解决方案是把多种不同推荐算法结合起来，形成混合推荐算法，这样可以尽量利用不同算法的优点，从而提高推荐系统的性能。常见的混合推荐系统包含以下几种形式：

1）首先分别应用基于内容的推荐技术和基于协同过滤的推荐技术来进行评分值的预测，然后将两者的推荐结果以某种方式进行组合。组合策略一般有两种：一种是将两者的预测结果进行线性组合；另一种是基于特定基准测试这两种推荐技术的性能情况，并将性能较好的推荐技术预测的结果作为最终结果返回给用户。

2）在协同过滤推荐系统中加入基于内容的技术。与传统协同过滤方法直接使用用户评分信息来计算用户相似性不同，该方法使用用户描述文件来计算用户之间的相似性，从而可以缓解协同过滤系统中用户评分数据的稀疏性问题；同时对于新项目，如果其内容与用户描述文件很相似，也可以得到推荐，缓解系统冷启动问题。

3）在基于内容的推荐系统中加入协同过滤技术。该方法通过将用户的评分信息加入用户描述文件和项目描述文件，可以缓解基于内容推荐系统对一些难以分析项目无法进行推荐的缺点。

第二节　推荐系统研究进展

当前推荐系统的研究进展分述如下。

一、协同过滤推荐系统

Grundy 是第一个投入应用的协同过滤系统[240]，该系统可以建立用户兴趣模型，利用模型为每个用户推荐相关的书籍；Tapestry 邮件处理系统人工确定用户之间的相似度，随着用户数量的增加，其工作量将大大增加，而且准确度也大打折扣[241]；GroupLens[242] 建立用户信息群，群内的用户可以发布信息，依据社会信息过滤系统计算用户之间的相似性，进而向群内的其他用户进行协同推荐；Ringo[243] 利用社会信息过滤方法向用户进行音乐推荐；Breese 等提出基于概率的协同过滤算法[244]，其包括两个选择模型：聚类模型和 Bayes 网络；Getoor 等提出概率相关模型[245]，与普通贝叶斯网络相比，该模型具有更强的全文表达能力，而且更容易扩展；Sarwar 等提出基于线性回归的协同过滤算法并将其应用于大规模数据中，取得了较好的效果[246]；Pavlov 等提出基于最大熵模型的协同过滤算法[247]，该算法特别适用于数据稀疏、高维和动态情况下的个性化推荐；Shani 等利用隐马尔科夫模型进行推荐[248]，将推荐过程看作Markov 的序列决策过程，利用已有信息预测用户偏好的概率；Xue 等提出基于聚类平滑的可伸缩的协同过滤算法[249]，该算法集成了基于内存方法与基于模型方法的优点，目的是解决数据稀疏性和可伸缩性问题；Das 等提出利用可伸缩的在线协同过滤方法实现 Google 的个性化新闻推荐[250]；Hannon 等利用基于内容与协同过滤的方法对 Twitter 用户进行推荐[251]；Tsai 等将聚类集成技术用在协同过滤推荐系统中，取得了较好的效果[252]；赵琴琴等提出一种基于内存的传播式协同过滤推荐算法[253]，它通过相似度传播，寻找更多更可靠的邻居，综合考虑用户和物品两方面的信息进行推荐；贾冬艳等提出一种基于双重邻居选取策略的协同过滤推荐算法[254]；杨兴耀等提出融合奇异性和扩展过程的协同过滤模型[255]。其他利用协同过滤方法进行推荐的系统还有 Amazon 的书籍推荐系统[256]，Jester 的笑话推荐系统[257]，Phoaks 的 WWW 信息推荐系统[258]。协同过滤推荐系统的核心是特定用户群的识别与发掘，该系统的性能依赖于用户评价的质量和数量，不适用于弱交互的信息系统。

二、基于内容的推荐系统

Malone 等[259]开发了电子邮件过滤系统，该系统采用了基于内容的半结构化模块，实现了对邮件信息的过滤；Balabanovic 等[260]构建了针对网页推荐的智能代理，该系统利用内容的搜索规则对互联网进行搜索，并将搜索结果推荐给用户；Pazzani 等[261]利用用户对已浏览网页的评分信息，建立了 Syskill & Webert 推荐系统，该系统利用贝叶斯分类器构建用户兴趣模型，实现多样化的推荐；Joachims 等[262]开发了网页浏览路径推荐代理系统，该系统通过对用户浏览网页的超链接进行分析，并结合 Agent 的历史推荐浏览路径，对用户的浏览行为进行学习并建立模型；Zhang 等[263]提出利用自适应过滤技术更新用户配置文件，其主要思想是利用用户的喜好信息构建配置文件并将用户兴趣归纳为几个主题，然后计算未知 Web 文件内容与主题文件的相似度，进而选择相似度较高的 Web 文件实现推荐；Degemmis 等[264]利用 WordNet 构建基于语义的用户配置文件，该文件是通过机器学习算法得到的，这种方法有效地提高了推荐的准确性；田超等[265]利用自然语言处理技术对用户评论进行情感分析，构建推荐系统的 SuperRank 框架；Chang 等[266]通过赋予短期感兴趣的关键词更高的权重，建立新的关键词更新树，大大减少了更新配置文件的代价。基于内容的推荐系统的核心是内容过滤技术，该系统依赖于用户需求信息与文献内容的匹配程度，不易发现用户的新需求。

三、混合型推荐系统

混合型推荐系统是上述两种推荐系统的组合。Girardi 等将领域本体技术加入到协同过滤系统中进行 Web 推荐[267]；Yoshii 等利用协同过滤算法和音频分析技术进行音乐推荐[268]；Velasquez 等提出基于知识的 Web 推荐系统，该系统首先抽取 Web 的内容信息，利用用户浏览行为建立用户浏览规则，然后对用户感兴趣的内容进行推荐，最后根据用户的反馈信息进行规则的修正[269]；Aciar 等利用文本挖掘技术分析用户对产品的评论信息，提出基于知识和协同过滤的混合推荐系统[270]；Wang 等构建基于虚拟研究群体的知识推荐系统，该系统利用基于内容和基于协同过滤的推荐算法向用户推荐显性和隐性知识[271]。

四、其他推荐方法

一种是基于关联规则分析的方法，它通过用户行为的关联模式产生推荐。Agrawal 等提出利用 Apriori 算法进行用户与物品间关联规则的分析，实现对物品的推荐[272]；Han 等提出 FP-Growth 算法改善了 Apriori 算法的工作效率[273]；另一种是基于社会网络分析的方法。Wand 等利用社会网络分析方法对在线拍卖系统中的拍卖者进行推荐[274]；Moon 等依据用户行为计算用户对物品的偏好，进而向用户推荐物品并预测物品的出售情况[275]。还有一种是基于上下文知识的方法。王立才等利用上下文信息提高推荐系统精确度和用户满意度[276]；孟祥武等利用移动上下文、移动社会化网络等信息提高推荐系统精确度和用户满意度[277]；郭磊等从推荐对象之间关联关系的角度出发，假设具有关联关系的推荐对象更容易受到同一用户的关注，并在已有的社会化推荐算法基础上，提出一种结合推荐对象之间关联关系的推荐算法[278]。

总体来看，尽管已有的个性化推荐系统很大程度上满足了用户个性化需求，提高了信息服务质量，但个性化推荐效率仍然不高，其主要原因有二：一是用户兴趣表达不精确；二是海量数据的出现导致若干传统建模方法效率下降乃至失效。因此，如何利用最新的兴趣表达工具以及大数据处理技术来构建更高效的个性化推荐系统将是国内外学者今后研究的热点和努力的方向。

第三节　基于兴趣图谱的学习资源推荐方法研究

随着数字图书馆的不断发展和普及，馆藏资源越来越多，信息量越来越大，用户在享受数字阅读带来的方便与快捷的同时，也深受海量数据搜索与查询的困扰。如何满足用户个性化需求是数字图书馆信息服务过程中面临的困难之一。个性化推荐的本质是通过对用户个体属性、行为习惯和兴趣偏好的分析，建立用户兴趣模型，并向用户推荐感兴趣的信息。当前主流的个性化推荐方法进行用户建模时大体基于两种思路：

一是根据用户访问行为的相似度；二是根据用户访问资源的主题内容相似度。上述方法在实际应用中取得一定成效，但仍面临兴趣表达不充分、资源推荐类型单一等问题。2011 年提出的兴趣图谱[279,280]能对多样化、复杂度高的用户兴趣进行精确刻画，因而受到业界的广泛关注。鉴于此，综合利用兴趣图谱、本体理论、云计算和信息推荐等技术对学习资源个性化推荐方法展开研究，着重攻克两大技术难题：如何对学习者兴趣进行准确刻画以及如何实现高效、精确的学习资源推荐，以期为解决个性化学习相关问题提供重要参考。

一、学习者兴趣建模

学习者兴趣建模以及基于兴趣图谱学习资源推荐方案的思路是：学习资源包括在线课程、音频、视频、图像、电子文献等，将各种学习资源按照与之相关的课程进行分类，通过对学习者在线学习行为数据的分析，挖掘出蕴含在课程背后的学习兴趣，从而为学习者推荐其感兴趣的课程及学习资源。

（一）学习者行为数据来源

学习者行为数据来源于社交网站、社会化标签网站、关联数据云以及数字图书馆网站。社交网站支持学习者的广泛交流，通过对大量社交数据的分析可以发现兴趣相同或相似的学习者，有利于形成学习圈并实现个性化推荐。社会化标签是 Web2.0 的典型应用之一，学习者可以利用标签对感兴趣的学习资源（如视频、图片、文本等）进行标注，这些标签数据反映了学习者的学习兴趣。关联数据云通过发布和链接网上的结构化数据使得各类数据相互关联，通过对关联数据的分析可以发现学习者与学习资源之间的关系。社交网站、社会化标签网站均提供 API 接口，通过这些接口可以调用其功能，利用网络爬虫程序便可分别获取学习者的交互数据以及感兴趣的课程数据；通过调用关联数据云提供的 API 接口并利用数据挖掘技术可以获取学习者与学习资源的关联数据。数字图书馆网站主要包括两类数据：显式数据和隐式数据。显示数据包括学习者的注册信息、兴趣标签、已选课程、学习者对推荐资源以及讨论内容的评价；隐式数据包括搜索关键词、学习者浏览的内容及次数、页面停留时间、下载文件、拖动滚动条次数等。

（二）兴趣图谱的生成、演化与反馈方法

1. 兴趣图谱生成与集成

兴趣图谱的优势是能对多样化、复杂度高的用户兴趣进行精确刻画，因此，本项目利用兴趣图谱来表征学习者的兴趣。兴趣图谱由兴趣节点和学习者构成，以兴趣节点为核心，以信息共享为基础，表示学习者与课程之间关系的虚拟网络图，旨在从学习者行为数据中获取学习兴趣，将虚拟社交关系转化为兴趣关系网络。兴趣图谱生成与集成方法如图 5.3 所示，该图以天文领域本体为例。

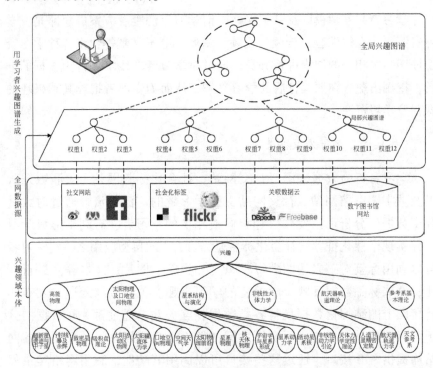

图 5.3　兴趣图谱生成与集成方法示意图

兴趣图谱生成与集成的基本流程是：首先建立兴趣领域本体，通过从数据库、结构化和半结构化文档中获取学习者感兴趣的兴趣概念，包括相似、相关、上下位兴趣概念识别等，实现学习者在兴趣领域本体中概念匹配与定位，兴趣本体用 io 表示；然后，基于社交网站、社会化标签网站、关联数据云以及数字图书馆网站中存在的学习者行为数据，从

中挖掘出学习者感兴趣的兴趣概念（用 ic 表示），将其与学习者兴趣领域本体中的概念进行映射，并利用语义和语法分析以及统计和模糊数学等方法，计算学习者对兴趣概念的感兴趣程度，即兴趣权重（用 iw 表示）。集合 $IC = \{ic_1, ic_2, \cdots, ic_n\}$ 为不同网站的兴趣概念集成结果，$IR = \{ir_1, ir_2, \cdots, ir_n\}$ 为不同网站的兴趣关系集成结果，$IW = \{iw_1, iw_2, \cdots, iw_n\}$ 为与相关兴趣概念对应的兴趣权重。依据不同网站的兴趣概念、兴趣关系、兴趣权重生成基于全网数据的兴趣图谱，表示为 $\{IC, IR, IW\}$。

2. 兴趣图谱动态演化与反馈机制

学习者兴趣不是一成不变的，针对其演化过程，提出兴趣图谱动态演化与反馈机制。首先，基于学习者兴趣图谱构造"学习者–兴趣"二部图，借鉴复杂网络图结构链路预测等方法，向学习者推荐或预测新的兴趣 ic^{new}；然后，建立定性模拟模型研究兴趣采纳过程，通过反馈机制生成学习者兴趣图谱中的兴趣度权重 iw；最后，按照"学习者–兴趣–课程类别"三部图，提取学习者对预测或推荐兴趣相关课程的学习行为，反映学习者对预测或推荐兴趣的接纳程度。

二、学习资源推荐方法

基于兴趣图谱的学习资源推荐方法以兴趣图谱为依据，先推荐课程类别，再根据学习者的偏好推荐相应课程及学习资源，以实现高效、精确的推荐。通过构建加权的"学习者–兴趣–课程类别"三部图，计算学习者语义相似度以生成学习者候选兴趣集，然后采用贝叶斯分类算法基于"兴趣–课程类别"的二维矩阵向学习者推荐课程类别。再从学习者偏好数据库取得学习者对该课程类别属性的偏好，并通过不同的推荐算法向学习者推荐符合其兴趣的课程及学习资源。基于兴趣图谱的学习资源推荐系统结构如图 5.4 所示，各层功能简述如下：

1）外部接口层。外部接口层可以实现基于兴趣图谱的个性化推荐服务器与学习者的交互；提供兴趣图谱本体库和各数据库的管理界面；提供与云资源调度子系统的接口。

2）基于兴趣图谱的个性化推荐子系统。该子系统提供兴趣图谱解析器、相似度及权值计算器、三部图构造器、学习者偏好挖掘器、个性化推荐引擎和三个推荐模块。兴趣图谱解析器用于根据已建立的兴

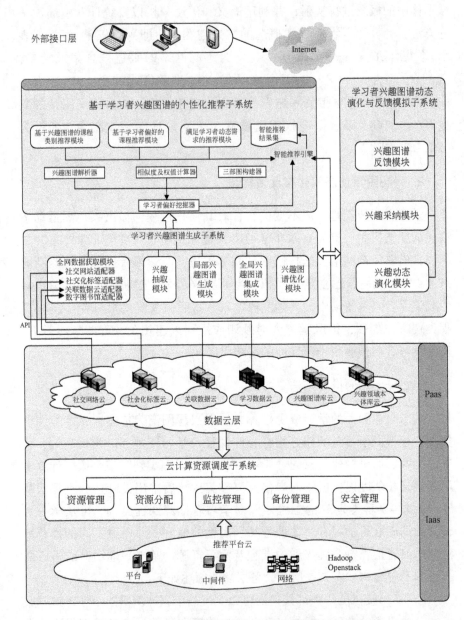

图 5.4　基于兴趣图谱的学习资源推荐系统结构图

趣图谱库对学习者兴趣图谱进行解析；相似度及权值计算器用于计算基于兴趣的学习者相似性以及学习者、兴趣、课程重要性权重；三部图构造器用于构建"学习者–兴趣–课程类别"三部图；用户偏好挖掘器用来挖掘学习者对课程类别属性的偏好，为相关课程及学习资源推荐提供基础数据。三个推荐模块包括：基于兴趣图谱的课程类别推荐模块，基于学习者偏好的课程推荐模块以及满足学习者动态需求的推荐模块。

3）学习者兴趣图谱生成子系统。该子系统负责学习者全网数据的获取、兴趣的抽取、局部兴趣图谱的生成、全局兴趣图谱的集成以及兴趣图谱的优化。系统根据社交网站、社会化标签网站、关联数据云、数字图书馆等站点提供的 API 接口开发对应的适配器，获取相关数据集，并从中抽取能够表示学习者兴趣的数据（如基本信息、课程、爱好、标签等）。根据不同数据源生成局部兴趣图谱，并利用集成技术实现全局兴趣图谱的集成，形成每个学习者个性化的兴趣图谱。

4）学习者兴趣图谱动态演化与反馈子系统。该子系统包括兴趣动态演化模块、兴趣采纳模块和兴趣图谱反馈模块。兴趣动态演化模块基于时间序列预测、图结构链路预测和基于兴趣社区等技术，实现学习者兴趣图谱的动态演化；兴趣采纳模块通过建立定性模拟模型进行研究；兴趣图谱反馈模块基于学习者兴趣采纳和课程学习行为的反馈机制。

5）云计算资源调度子系统执行对混合云平台的资源调度管理。云平台由 IaaS（infrastructure as a service）层和 PaaS（platform as a service）层构成，其中 IaaS 提供计算基础设施服务，PaaS 提供定制化的中间件平台。Openstack 以分布式架构基础构建混合云平台，开发的云计算资源调度子系统用于资源管理、资源分配、监控管理、备份管理、安全管理。在 PaaS 层设置数据云层，用于存储社交网站云、学习数据云、兴趣图谱库云和本体库云等，为上层学习者兴趣图谱挖掘以及推荐系统提供基于云计算的数据。Hadoop 作为分布式系统基础架构实现海量学习者行为数据的并行处理。

第四节　移动情境感知的个性化推荐方法研究

人们的在线浏览行为模式正在随着智能手机、个人数字助理、平板电脑等智能移动终端的普及应用发生着革命性的变革，网络随时随地接入的"3W"（whoever，whenever，wherever）梦想正在逐渐成为现实。丰富的移动互联网应用在为用户提供便利的同时，也为个性化推荐系统提供了丰富的情境信息。因此，如何有效地利用基于移动情境感知的个性化推荐技术正成为日益重要的研究课题。本节在分析移动情境感知独有特征的基础上，着重探讨其基本建模技术及相关的个性化推荐应用。

一、情境与移动情境感知

作为一个跨学科概念，情境感知在计算机科学、认知科学、心理学和语言学等诸多领域有着深入的研究。从计算机学科，特别是人工智能与普适计算的视角看，"情境"一词可定义为"所有与人机交互相关，用于区分标定当前特殊场景的信息"。基于这一定义，服务提供者借助情境信息为用户提供更精确的信息推送和过滤服务。一个与搜索引擎相关的经典案例是：如果我们通过日志分析，发现某用户经常关注与"机器学习"关联的内容，那么，当用户以"Michael Jordan（迈克尔·乔丹）"为查询条件进行搜索时，可以认为该用户关注的可能是机器学习领域的一位知名学者，而非同名的 NBA 球星。通过这一手段，可以有效地解决传统文本分析中的歧义问题，提高排序和推荐的算法效率。与传统的静态情境感知技术相比，移动情境感知技术在既有的"上下文"概念基础之上，更为强调"场景"的概念，即多种信息源的综合描述。图 5.5 为移动情境感知的认知层次。

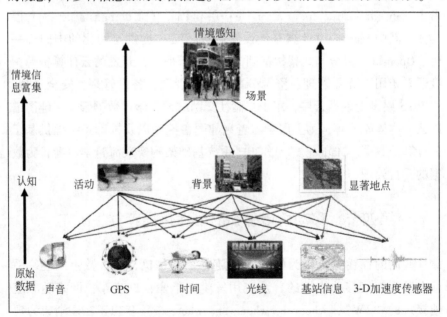

图 5.5　移动情境感知层次

由图 5.5 可以看出：移动情境感知特征不仅包括时间、地点、用户操作等基本信息，还包括各种丰富的传感器信息，如基站、蓝牙、麦克风、3D 加速度传感器等。通过综合分析这些特征，可以尽可能真实地还原移动用户的行为模式和实时场景，比如速度、环境等细节，甚至可借此分析、预测其行为目标，从而为信息推送和过滤提供更全面、更可靠的依据。

在获取更丰富的情境特征信息的同时，移动情境感知技术也面临着全新的挑战，尤其是移动性带来的跨地域问题。若用户面临的场景不断切换，则相应的情境行为模式也需要随之更新，而且其不同地点的语义转换轨迹也具有显著意义。另一方面，移动情境由多种特征组成，不同种类特征之间存在关联性。因此，如何理解和利用这些关联性成为决定移动情境模式有效性的关键因素。情境数据收集依赖于多种传感器，如全球定位系统（global positioning system，GPS）、Wi-Fi、蓝牙等系统，它们往往面临特定环境下的失效问题（如 GPS 在室内无法定位，无线热点覆盖范围有限），再加上用户行为自身的不连贯性，因此往往存在数据稀疏性问题。这些都进一步增加了挖掘行为模式的难度。

二、移动情境建模

针对上述难点，学术界已开展了一系列相关的研究工作。图 5.6 为移动情境感知推荐的基本流程。

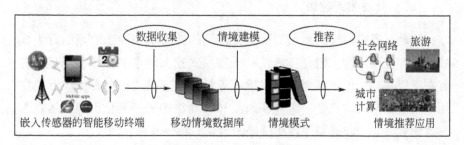

图 5.6　移动情境感知推荐的基本流程

随着 GPS 的普及，基于位置的移动推荐已成为最热门、发展最快的移动应用之一。而显著地点挖掘和轨迹挖掘是两大关键。

（一）显著地点挖掘

显著地点挖掘可细分为挖掘个性化显著地点和根据大众记录挖掘特

定公共区域内显著地点两个子任务。前者着眼于标定个人生活的基本地点，如家、单位等，这些地点的判别标准不具有普适性，主要是为其个性化服务推荐或社会模式挖掘奠定基础；后者更注重公共地点的功能性标注，如旅游名胜、商业中心等，可为大众的社会化活动推荐提供依据，因此更具有普遍推广意义。

识别个人的显著位置是理解个人的移动行为和社会模式的核心，对于处于更高层次的推荐应用，尤其是对用户个人的行为规律挖掘来说非常重要。根据室内没有 GPS 信号这一特点，可以利用 GPS 信号消失和重现的规律，在一定的范围之内确定大致的显著地点。在个性化显著地点挖掘的基础上，结合已有的人工标注样本与时间等情境信息进行关联规则分析，从而总结出地点类型与情境模式的映射规则。比如，多数用户每天晚上 7 点至早上 7 点待在家中，而工作日下午 1 点至 5 点则多在办公室[281]。借助这些规则，即可实现对个性化显著地点的有效标注。

大众显著地点挖掘具有更广泛的应用前景。一个有趣的典型应用是，挖掘一个给定地理区域的显著地点，可以为到访的游客了解这座城市并合理规划旅行线路提供重要参考。与前者不同，这一建模任务是基于具有相同类型目标的多用户轨迹序列完成的。例如，基于 HITS 的推理算法来分析用户旅游体验（Hub 分数）和地点评价（Authority 分数）之间的联系。

（二）轨迹模式挖掘

移动场景中持续的地点切换使得传统的针对单一静态地点的行为模式推荐存在局限性。因此，连续的轨迹模式挖掘的重要性日益凸显，尤其在交通管制、城市规划和路线推荐等领域轨迹模式信息有着广泛的应用。轨迹数据的定义是一组停顿地点和移动轨迹的序列化记录。地点为显著地点，移动轨迹是连接相继停顿地点的转换过程。

例如，如果获得一个包含 3 个停顿地点的轨迹 C1 → C2 → C3，并且根据相关语义信息，获知 C1 代表购物广场，C2 代表餐馆，C3 代表电影院，那么这条轨迹就代表了一条"购物广场→餐馆→电影院"的周末度假路线。针对此类问题，在层次聚类的基础建模之上，相关研究通常借助第三方数据源（如谷歌地图等）实现地理信息与语义信息的映射，并通过引入采样点语义知识及其转移概率，以及利用序列挖掘算法，来分析其语义轨迹模式。

三、用户行为模式挖掘

用户行为模式挖掘是移动用户的个性化推荐的关键，它揭示了用户生活规律和个人偏好的基础性信息，对于提升推荐效率至关重要。图5.7是一个用户行为模式的实例。通过分析用户的移动情境日志，发现某用户在下午3：00左右，习惯于在城市内的咖啡厅用智能手机浏览脸谱等社交网站，根据用户的行为规律，可以提供相应的服务，例如，将社交网站有关的消息（好友的新鲜事、社交服务新闻）集中在这个时间段推送，从而有效地提升用户体验。

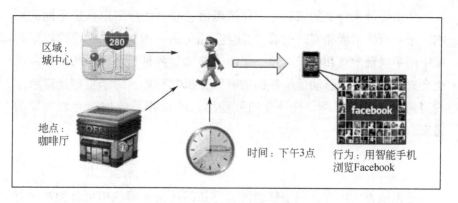

图 5.7　用户行为模式范例

与前面所述的地理信息挖掘相似，用户的行为模式挖掘也可分为单一关联规则挖掘和复合型的序列模式挖掘。

（一）关联规则挖掘

关联规则挖掘目的不仅在于发现情境与行为的关联，同时还揭示不同情境特征之间强有力的联系，例如下午在咖啡厅浏览社交网站的用户习惯。通过基本的关联规则挖掘技术和在此基础之上的拓展，可以有效地完成这一任务[282]。

（二）序列模式挖掘

序列模式挖掘的任务是在一个序列化的数据库中发现频繁子序列。与单纯的关联规则学习相比，序列模式挖掘更注重挖掘时间序列模式，从而揭示个性化的不同类型地点之间的语义关联。利用这一技术，服务提供商可以预测用户下一步的需求发展和变化趋势，从而更好地为个性化服务做好准备，或对突发事件或异常事件做好警戒。

就建模而言，序列模式挖掘相当于规则挖掘，是在空间（即在运动过程中的空间区域访问）和时间（即运动的持续时间）频繁行为的简洁描述基础上引入轨迹模式的概念。用户自己生成的一些数据也可用于序列模式挖掘。游客的旅途线路信息与旅游行为中基于地理标记的照片相结合，可以建立起完整的旅游轨迹信息[283]。轨迹信息的建立使得这一模式有着更广阔的应用前景。

四、移动情境感知的个性化推荐

移动会带来场景的切换，不同情境信息会对用户需求产生不同的影响。用户所处情境和实时的需求是息息相关的。例如，一个用户夜间在家中用手机玩游戏和白天在地铁里浏览新闻是两种情境，他的推荐需求也会有很大差异。移动情境数据的有效分析和利用，对于更好地理解用户当前的意图和兴趣，提升面向移动用户的推荐系统体验有着重要的意义。

（一）社交推荐

根据推荐的内容，基于移动情境感知的社交推荐应用可分为社交好友推荐、社交地点标注和面向移动服务提供商的影响力传播。与在线社交服务中的好友推荐不同，在移动情境下，很难获得明确的社交网络关系，但可以获得大量丰富的情境数据，尤其是路线、行为等。这些情境数据可以与社交关系之间建立某种联系。例如，通过分析手机位置数据和基于地理位置的在线社交网络的相互关联，可以发现人们的短距离活动在时间和空间上都有较强的规律性，几乎不受社交关系的影响，但长距离活动更易受社交关系的驱动[284]。

受关联性启发，基于情境感知的相关研究利用具有相似行为模式和经历的人更可能成为朋友的这一社会学现象，提出了多种好友关系预测和推荐的方法。例如，通过分析用户的情境数据，定义基于用户访问地理位置的特征，建立分类器模型等，用以分析不同用户在同时访问同一地点或具有共同好友的特殊情形下，成为好友的可能性。

在基于移动情境感知的地点推荐中，正确识别不同地点的语义信息是保证推荐效果的重要前提。例如，通过分析用户的签到数据和不同地点之间的联系网络，可以有效地挖掘单个地点的模式信息以及相似地点之间的潜在联系，从而构建性能更好的分类器，实现自动标注地点语义的有监督学习。

移动用户的情境数据还对服务提供商有着重要的意义。尤其是用户之间的关系网络，相当于传统的社会传播问题在含有情境信息的隐性移动网络中的应用。比如，服务提供商为了扩大自己的影响力，可以在用户网络中选取少量的初始用户，使之成为自己产品的支持者，从而通过网络"口口相传"扩大影响力，使更多的人成为服务提供商产品的支持者。这一服务需要建立在对瞬时移动社交网络或移动用户通信网络的有效分析基础之上。比如，研究人员针对一个移动用户通话网络的情境数据，提出高效的选择初始目标用户的算法。

（二）城市计算

在全球城市化进程加快的背景下，城市计算最近受到极大的关注。在城市计算中，传感器、道路、房屋、车辆和人都可作为计算单元来协同完成任务，达到为人们提供便捷服务的目的。面向移动用户的购物推荐和出租车推荐是两个典型的基于移动情境感知的城市计算的应用例子。

近几年，越来越多的应用开始利用丰富的用户情境数据来提高用户体验。例如，可通过识别用户到达过的地点，结合地点语义标识，来推测用户的兴趣点，或者通过分析用户的情境下移动轨迹与商品购买记录之间的联系，挖掘和预测用户的移动商务行为[285]。

出租车上的 GPS 装置为出租车司机提供了即时有效的路线数据。通过分析出租车上 GPS 的大量历史数据，可以挖掘出行驶路线的优化信息。当司机面临行驶路线选择时，系统便可根据当前的时间和目的地信息，为司机推荐最快最便利的行驶路线。又如，通过挖掘出租车的 GPS 数据，还可以为出租车司机推荐一系列载客地点，计算可提升载客率的最佳导航轨迹，有效地缩短出租车空载时间。

（三）广告推送

在线广告投放是互联网比较成熟的盈利模式。在移动互联网日益普及的背景下，移动广告推送成了新的研究热点。在广告投放的过程中，准确理解并推送给用户需要的广告是用户购买产品的前提。移动用户的情境数据为准确分析用户的当前需求提供了极大的帮助。因此，基于情境感知的移动广告推送系统已成为此领域重要的发展方向。

　　一般而言，移动广告投放的效果主要取决于广告内容与用户所处情境的契合程度。例如，如果用户刚好路过某个大型购物中心，或者用户刚好具有购买某项物品或服务的需求，此时推送相关的广告或优惠券就可能促使其浏览和消费，而在其他时间、地点推送则可能被用户忽略。此外，移动广告推送还面临一些其他的挑战，如垃圾广告过滤、用户隐私保护以及手机通讯的成本等。

　　针对这些挑战，相关工作应着眼于有效利用情境信息或引入更多信息源。例如，利用用户的情绪信息来提高广告投放的有效性，或基于用户地理信息位置，分析用户的偏好与情境数据交互，并利用传统的协同过滤方法，为用户推荐基于情境感知的广告信息。借助这些手段，可以提高广告的投放精度。

第六章　基于 Web 的信息检索系统研究

随着互联网技术的飞速发展，互联网上的数据正以每天新增数百万个页面的速度增长，互联网已经成为人们获取信息的重要手段。Web 信息的出现和迅速发展在很大程度上解决了信息匮乏的问题，但它所带来的问题也日益突出：很多人在面对海量数据时，仍然无法找到他们需要的信息。因此，信息检索技术便成为网络发展的关键性条件。信息检索技术将互联网中用户想要的信息提取出来，大大减少了用户查找的时间，提高了获取信息的效率，因此搜索引擎成为网上检索信息的必需工具。

但是，随着网络信息的不断膨胀和系统检索系统的广泛应用，许多网络用户又发现，面对信息海洋，很多信息检索系统使得用户往往花费很多时间却所获甚少，有时查出的结果跟用户真正需要的相去甚远。在这种情况下，如何有效地检索 Web 信息，以帮助用户从大量网络信息中快速找到与给定查询请求相关的信息，满足不同用户信息服务的需要，提高搜索引擎查询效率和查询质量，成为一项重要而迫切的研究课题。

本章在深入分析信息检索系统研究进展的基础上，指出信息检索系统面临的挑战，着重探讨基于用户兴趣模型的个性化搜索引擎以及跨媒体搜索技术。

第一节　信息检索系统研究进展

信息检索系统是网上的导航工具，是一种搜索 Web 资源的软件。它通过采集、标引众多网络站点来提供全局性网络资源控制与检索机制，将全球所有 Web 资源作为完整的集合进行整理和分类，方便用户查找所需的信息。近年来，信息检索技术受到人们的广泛关注并取得了一些重要成果，这些成果可归纳为文本检索、图像检索以及视频检索三类。

一、文本检索

文本检索的关键技术是检索模型的建立，大体上分为两类：基于统计的检索方法和基于语义的检索方法。基于统计的检索模型主要有布尔模型、空间向量模型、概率模型。此外，在近几年的研究中，语言模型备受推崇。本节重点介绍几种基于统计的检索方法以及语言模型方法。

（一）布尔模型

布尔模型是一种简单的检索模型，它建立在集合论和布尔代数的基础上，以布尔表达式为基础，通常使用布尔表达式表示用户的查询串。布尔表达式包括与、或、非三种逻辑运算符。文档的相关性是以是否满足布尔表达式为依据：若查询词出现在文档中，则表达式的值为 1，否则为 0。布尔模型的优点是具有直观、简洁的形式，实现起来比较高效而且查询表达式比较容易理解。但也存在明显的缺陷：一是它基于二元的评判标准，即对一篇文章来说，只有相关与不相关两种结果，且无法对结果进行排序，无法判断文档的相关程度；二是虽然布尔模型有着精确的语义，但很难将用户的信息需求转换为布尔表达式，建立一个好的布尔表达式比较困难。近年来对布尔模型的研究比较少，已有的研究主要表现在对布尔模型的改进与扩展，如利用归纳实例查询过程来提高布尔模型[286]；利用相关反馈方法来解决扩展布尔模型中的问题[287]。

（二）空间向量模型

向量空间模型由 Salton 等人于 20 世纪 60 年代末提出，近年来得到广泛应用，其主要思想是通过使用空间的相似性来解决语义上的相似性。在向量空间模型中，文档空间被看做是由一组正交词条项组成的 n 维矢量空间，向量空间模型中的文档被形式化为 n 维空间中的向量。所有文档和用户查询都映射到向量空间，从而使文档分类过程简化为空间向量的运算。文档与查询之间的相关度可以使用文档与查询之间的余弦值来量化。该方法只是给出了一个框架，对于词条的权重计算、相似度计算没有统一标准，很多学者基于上述问题做了部分改进和优化工作：April Kontostathisa 提出了一个便于理解潜在语义索引的理论模型[288]；Miles 指出了潜在语义索引模型和 Rocchio 相关反馈这两种经典扩展模型之间的关系[289]。向量空间模型的优点是只提供了一种理论框架，可以根据需要使用不同的权重评价函数和相似度计算方法，具有广泛的适应性与扩展性。它的缺点在于假设词汇之间的相互独立性并且向量的相关操作缺乏理论验证，大多是基于经验公式，且计算开销较大。

（三）概率模型

概率模型是目前被广泛看好的模型，该模型以概率理论为基础。布尔模型与向量空间模型均将文档和查询表示为相互独立的项，忽视了词条之间的相关性，概率模型考虑了词条和文档之间的内在联系，利用词条之间、词条与文档之间的概率相依性进行信息检索。近年来，概率模型的发展主要集中在对概率模型的进一步研究和其他模型的融合。Zhai 提出了一种新的概率检索模型，使检索问题被看成一个统计决策问题。Kacprzyk 提出了一种新的机遇概率逻辑的检索模型。概率模型的优点在于具有良好的数学理论基础，可以通过学习的方法对查询和文档建立对应的模型。缺点在于概率模型在很大程度上假设词语之间相互独立，对于语言中的长距离依赖无法处理。

（四）语言模型

语言模型在应用在文本检索之前，已经成功地应用于语言识别、机器翻译等领域。1998 年 Ponte 和 Croft 将语言模型引入到文本检索中。现在语言模型已成为文本检索的重要研究领域。语言模型的建模对象是待检索的文本和输入的查询。根据马尔科夫链的阶数，语言模型可以分为一元语言模型和多元语言模型。一元语言模型假设词与词之间相互独立，一个词出现的概率与这个词前边出现的词没有联系，这是最简单的语言模型；二元语言模型假设词与词之间不是相互独立的，认为一个词出现的概率只与这个词一前边的一个词有关系；N 元语言模型假设词与词之间相互关联，第 N 个词的出现概率与其前 N-1 个词的出现有关联。一般在文本检索中，倾向于使用一元模型，主要原因是：① 词语出现的先后顺利对文本检索影响不大；② 模型的阶数越高，参数越多，估计这些参数时引入误差的可能性越大。

二、图像检索

图像检索起始于 20 世纪 70 年代，通过几十年的研究，国内外学者提出了众多图像检索技术，主要集中在两个方向：一种是基于文本的图像检索（text-based image retrieval, TBIR），该方法利用图像上下文的文本信息来描述图像语义；另一种方式是利用基于内容的图像检索（content-based image retrieval, CBIR），该方法利用机器学习建立图像视觉特征和高层语义特征的映射关系，目前该方法尚处于研究阶段。由于大多数网络图像都嵌入在网页中，并且网页中的文字与图像具有或多或少的联系，这样就衍生出第三种图像检索丰富即融合网页文本和图像自身信息的图像检索技术（association-based image retrieval，ABIR）。

（一）基于文本的图像检索 TBIR

20 世纪 70 年代，人们开始关注图像检索技术的研究。起初主要是基于传统的文本信息对图像进行检索，这种方法主要是使用图像相关的文本信息（如作者、年代、图像尺寸以及作者流派等）对其进行描述。该方法在图像检索前需要先对所有的目标图像使用关键词进行人工标注，然后才可对其进行索引与检索。这一过程基本是在考虑目标图像实际条件的基础上进行手工标注或人工干预。在图像数据的标注信息提取后，就可以直接将当前的文本检索技术应用到基于标注关键词的图像搜索技术中。文本搜索技术已经趋于成熟，图像的文本标注很好地反映其语义信息，基于文本的图像检索结果通常也比较精确、高效。

由于基于文本的图像检索使用简单，用户不需要复杂的操作，通过关键词即可搜索到想要的结果。它的易用性使其成为当前图像检索最重要的方法，同时也有着广泛的应用。然而，随着图像数据量的急剧增加，如何获取目标图像的高质量文本标注就成了一个非常棘手的问题。主要原因有两个方面：一方面，人工提取标注关键词的成本太大，互联网上图像数量数以亿计，对海量图像进行人工标注所需要的耗费巨大。此外，新图像不断涌现，人工标注的方法根本不能满足其时效性的要求。因此，想要一次性对所有的目标图像进行人工标注是行不通的；另一方面，人工标注存在不一致的问题。同一幅图像，不同人的理解不同；且同一个语义，不同人可能采用不同的关键词进行描述。由此可见，互联网中的图像一般无法依赖这种专业人员的手工标注方法。

鉴于此，自动图像标注获取方法应运而生。这种方法被广泛应用于当前的图像搜索引擎以及多数的网络图像库检索系统中。由于互联网中的图像通常都是被包含在网页中的某些文本中，所以网络中的图像一般都可以找到相应的文本关键词信息，如图像的名字、图像周围的文本以及其他环绕文字等，可以将网页中图像的周围的文本作为关键词标注进行索引。现有的 Google、MSN 以及 Yahoo 等搜索引擎都使用这种方法对图像进行标注获取和索引构建。

然而，互联网页面在内容、形式上千差万别，对图像进行描述的文本内容质量也差别很大，因此，如何从网页中有效地提取高质量的文本标注，使用分词技术对图像的描述文字进行分词、统计词频、去除"停用词"、提取复合短语和专有名词，最后准确地完成用户的搜索要求是当前的研究重点。

（二）基于内容的图像检索 CBIR

从 20 世纪 90 年代开始，基于内容的图像检索 CBIR 就得到了广泛的关注。基于内容的图像搜索涉及多个学科的知识，如数字图像的特征表示和特征计算、相关性与相似性的目标搜索、高维特征的索引、查询结果排序处理、用户接口等。

近年来，基于内容的图像检索系统不断涌现，典型代表有：

1）QBIC。该系统是由 IBM 公司开发的第一个商用图像检索系统。该系统提供了多种查询方式，采用底层特征作为图像特征描述符，检索效率非常高。该系统对后来的图像检索系统产生了深远影响。此外，QBIC 还考虑到高维特征的索引，采用了维数约减技术和多维索引技术 R 树来做索引结构。

2）PhotoBook。该系统首次使用到相关反馈技术。同 QBIC 一样，PhotoBook 也采用底层特征来描述图像特征。该系统对大脑形状的应用标志着 CBIR 进入了医学专业检索领域。

3）VisualSeek 和 WebSeek。前者根据视觉特征、图像注释、草图甚至是图像的 URL 来检索图像；后者通过关键词和索引来检索图像，同时支持用户通过反馈进一步检索。

4）MARS。该系统融合了计算机视觉、数据库管理、信息检索等多种技术，并将相关反馈技术运用于查询向量的优化和反馈系数的自动调节。

5）Google Image。该系统是由 Google 公司开发出来的网络相似图片搜索引擎。Google Image 基于 PC 端平台的相似图像检索引擎，支持图像上传和输入网络图像地址的检索方式。其主要特点是采用感知哈希算法来生成图像"指纹"字符串，再根据汉明距离来比较不同图像的指纹的相似度，距离越小代表越相似。

6）TinEye。该系统是由 Idee 公司开发的网络图像搜索引擎。该系统根据不同图像见调色板的相似度来检索图像。TinEye 系统支持上传图像查询和网络图像地址查询，图像搜索准确度很高，支持中文网络的图片搜索。同时，还可以通过局部图像来搜索完整图像，真正意义上实现了以图搜图功能。不过该系统目前检索速度较慢，查全率较低。

此外，国内也出现了一些基于内容的图像检索系统，较为知名的有中国科学院计算技术研究所研制的 MIRES 系统和清华大学研制的 ImgRetr 系统，百度识图等。MIRES 系统不仅支持基于颜色、纹理以及形状特征的检索，并且引入了相关反馈技术，因此检索效果较好。ImgRetr 系统主要利用颜色、纹理、颜色直方图以及轮廓等特征进行图像检索。百度识图采用了基于底层特征的视觉特征描述方法，提供更加准确的图像检索服务。国内还有浙江大学、微软亚洲研究院、中科院模式识别与智能控制研究所、国防科技大学、复旦大学等高校科研机构也进行了相应研究并取得了一定的研究成果，研发了各自的图像检索系统。

（三）融合文本和图像信息的图像检索 ABIR

ABIR 能够提取图像视觉特征无法描述的内容。在图像检索中，同时使用网页文本和图像内容两种信息，有利于提高网络图像检索的性能和质量。综合两者优势，融合文本和图像信息的图像检索系统应运而生。该系统通过分析网页文本信息与图像视觉信息的共同特征，挖掘出两者之间的高层语义联系，减少或消除"语义鸿沟"，从而提高图像的检索质量。

由于文本信息是高层语义关键词，视觉信息是特征向量或图像标注关键词，将它们有机地融合在一起并不容易。目前，研究者提出了线性组合、概率模型、直接融合等多种融合方式。

1）线性组合法。Chen 等通过分别计算文本信息与视觉信息间的相似性，然后将两者相加作为图像间的相似性[290]。Srihari 等通过训练库来确定文本信息与视觉信息的权重。然后，按计算出的权重将两者进行线性组合[291]。线性组合法的难点是很难找到一个适合所有网络图像的线性组合权重。

2）概率模型法。Blei 等使用狄利克雷分配模型来计算文本信息与图像视觉信息间的联合分布概率，并使用这个概率进行图像检索[292]。黄鹏首先计算检索关键词与文本、视觉关键词间的相似性，并将相似性设为条件概率，作为贝叶斯网络的输入进行图像检索[293]。

3）直接融合法。Zhao 等使用网页中提取的主题信息与图像的视觉特征信息实现网络图像的检索[294]。Cai 等根据网页的结构和框架将网页分成多个基本块，然后将块内的元素作为基本语义来描述和索引图像。

He 等使用数据挖掘算法融合文本信息和图像视觉信息[295]。顾昕先使用文本信息检索出候选图像集，然后使用视觉特征对图像进行再次筛选，实现两者的信息融合[296]。

通过研究人员的努力，在融合文本和图像信息的图像检索系统上取得了一些进展。但还存在很多尚未解决的难题：如何确定网页文本中的哪些关键词与图像的视觉特征相关；利用现有的人工智能和图像处理技术，如何进一步提高表征图像内容的视觉特征向量的质量；如何提高图像自动标注的性能和质量，以减小或消除"语义鸿沟"难题；怎样降低融合文本信息与图像视觉特征的时间复杂度和提高融合的质量等。因此，ABIR 的研究还有许多尚未解决的难题，需要继续展开深入的研究。

三、视频检索

视频检索方法的始于研究 20 世纪 90 年代，之后受到了业界的广泛重视，成为了多媒体技术的研究热点之一。近年来，国内外各研究机构、研究人员在视频检索领域所取得的一系列成就。

（一）国外研究现状

国外对于视频检索系统的研究和开发比较早，具有代表性的系统如下：

1）JACOB 是由意大利的 Palermo 大学研究开发的视频检索系统。该系统首先将视频分割成不同的镜头，从每个镜头中提取不同数目的关键帧，并且用颜色和纹理特征来描述这些关键帧，之后计算出与这些关键帧相关的动态特征。当用户向系统提交一个视频示例进行查询时，该系统会直接对此示例视频进行分析，通过模糊匹配的方法给出最相似的视频。

2）VideoQ 是由美国哥伦比亚大学实现的视频检索系统，它不仅能够通过关键字和主题导航的方法对视频直接进行查询，还可以输入视觉特征与时空关系作为参数来对视频进行查询。VideoQ 系统主要有以下特征：可以通过文字和视觉特征两种不同的方式进行检索；可以利用互联网进行检索；包含颜色、形状、纹理等不同形式的视觉特征；对镜头的分割和跟踪是自动进行的。

3）Virage Search Engine 既支持图像检索，也支持视频检索。它不仅能够通过文本、声音和标题内容进行图像和视频的查询，而且还能够通过自动分割镜头与提取关键帧的形式来对视频进行查询。

4）WebSeek 系统由美国哥伦比亚大学研究开发的能够在互联网上直接实现图像或者视频检索的系统。该系统的主要功能是通过一个 Web 引擎实现的，它能够自动收集互联网上的图片和视频，并对它们建立索引，根据图片或者视频的不同性质，而将它们归入不同的类别。

5）MARS 视频检索系统融合了数据库技术、计算机视频技术以及信息检索技术，无论是在特征提取阶段，还是在索引建立阶段，该系统都能做到十分的合理、高效。

6）Informedia Digital Video Library 项目是由卡耐基梅隆大学研究实现的，它包含许多功能模块，如人脸识别、镜头分割、视频文字识别等。

7）Core 是由新加坡国立大学研究实现的一个视频检索系统，它能够通过自组织神经网络方法来度量复杂度高的特征向量，并且融合了多种特征提取方法，具有鲜明的技术特点。

8）ARVE 系统是 IBM 公司开发的又一个多媒体分析和检索系统。该系统使用了独特的方法对音频、视频、文本信息进行分析和理解，并对多媒体的内容自动进行注释，注重被注释内容的相关性。

9）VisualSEEK 视频检索系统由哥伦比亚大学和高级电信研究中心实验室共同研究开发。该系统实现了互联网上的图像检索和视频检索，给人们提供了一个可以直接根据视频内容进行检索的工具。

（二）国内研究现状

从 1994 年开始，我国便开始研究视频检索系统并取得了一系列的成果。

1）TV-FI（Tsinghua video find it）是由清华大学开发的视频检索系统。该系统可以通过视频内容来实现视频的浏览、检索。在浏览方式上，既可以通过视频的结构进行浏览，也可以按用户自定义的方式浏览。

2）WebScope-CBVR 是由浙江大学研发的基于互联网的检索系统。该系统包含视频获取、视频处理以及视频查询等三个功能模块。它既支持文本方式的视频查询，也支持基于内容方式的视频查询，通过关键字或示例视频来检索出实际需要的视频。

3）Ifind 信息检索系统是微软亚洲研究院张宏江所带领的小组研制出的视频检索系统。该系统在实际应用中取得良好的效果。

第二节 信息检索系统面临的挑战

当前信息检索系统主要面临以下五方面的挑战：

1）覆盖率低：基于 Web 的自身特点，大量数据分布在互联网上，检索起来困难重重。单个搜索引擎的覆盖率一般都低于30%，很难索引所有的 Web 资源。

2）时效性差：互联网上信息呈指数级增长，大量信息的存活期很短，这导致搜索引擎的时效性很难保证，返回结果中存在大量无效或过时的链接。

3）易导致迷航：信息检索界认为用户很难简单地用关键字来忠实表达他所真正需要检索的内容，甚至根本就不知道要找什么东西，即所谓的"迷航"。表达的困难将导致检索结果的不理想，而且如何将结果表达成用户容易理解和使用的方式也是一个难题。

4）结果不准确：一次搜索的结果可能有成千上万条，而在这过于庞大的信息中，有用信息只是其中的小部分，并且常常发生收到和下载的信息难以消化的情况，即所谓的"认知过载"。

5）过于死板：现有的中文搜索引擎在进行中文分词时往往采用基于关键词的机械匹配法，并没有对用户的输入进行语义理解。这种方式的最大不足在于参与匹配的只有字符的外在表现形式，而非它们所表达的概念或含义。因此，经常出现答非所问、检索不全的结果。

第三节 基于用户兴趣模型的个性化搜索引擎研究

搜索引擎以一定的策略在互联网中搜集、发现信息，并对信息进行理解、提取、组织和处理，为用户提供检索服务，从而起到信息导航的作用。然而，目前大多数搜索引擎为用户提供的信息单一，无法满足用户个性化的要求。为了解决这一问题，以用户为中心构建搜索的方法、技术、结果与过程就成为必然。

实现个性化搜索的关键是建立用户兴趣模型，只有全面真实地了解用户兴趣，才能针对不同用户提供个性化搜索服务。因此在分析个性化搜索引擎的基础上，还要考虑如何构建用户兴趣模型，然后在该模型的帮助下才能更好地在互联网中查找所需要的信息。

一、个性化搜索引擎理论模型

个性化搜索引擎一般是由用户接口、概念提取、查询扩展、检索器、结果排序、网络蜘蛛、索引器及索引数据库、用户兴趣库等部分组成[297]。

个性化搜索引擎理论模型如图 6.1 所示。

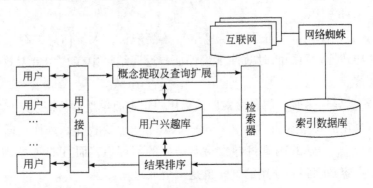

图 6.1　个性化搜索引擎理论模型

在个性化搜索模型中，每个模块都有其独特的功能：

1）用户接口：接受用户提出的检索请求并将检索结果返回给用户；

2）概念提取：运用中文分词法分析用户提交的查询信息；

3）查询扩展：利用事先建好的词典库或知识库进行查询词条扩展，提高搜索的召回率和查准率；

4）检索器：从索引数据库中找出与用户查询请求相关的页面；

5）用户兴趣库：根据用户兴趣模型，存放用户兴趣知识；

6）索引器：将页面表示为一种便于检索的方法并存储于索引数据库中；

7）网络蜘蛛：抓取互联网上的各种网络资源；

8）结果排序：对满足用户需求的页面排序保证重要页面排名靠前。

与传统搜索引擎相比，个性化搜索引擎模型的优势主要体现在以下两方面：用户可以使用灵活多样的描述方式表达自己的信息需求；用户可从多个信息源获取所需信息。

二、用户兴趣模型的构建方法

提高个性化检索服务质量的关键在于全面了解用户兴趣。采用基于文本内容的数据挖掘方法获取用户兴趣，利用遗忘机制对用户兴趣进行更新。

（一）用户兴趣模型结构

用户兴趣模型由页面预处理、页面分类、兴趣生成以及兴趣更新四部分组成。用户兴趣模型总体结构如图 6.2 所示。

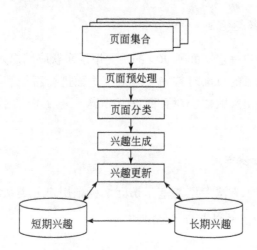

图 6.2　用户兴趣模型结构图

1. 页面预处理

页面预处理包括对所获取的页面集合进行清洗以及对清洗后的页面进行信息的提取和向量表示。其中页面清洗主要为了清除页面中与研究无关的文件，如页面包含的图片文件和脚本程序等；此后，需对页面进行特征提取，如页面的作者、页面发表时间、页面包含的关键字等内容；最后将页面进行向量表示。

2. 页面分类

研究表明一个页面反映的用户兴趣是偶然的，但是将大量页面归类后所反映的兴趣则具有很高的确定性。因此，页面分类对于获取用户兴趣至关重要。

3. 兴趣生成

兴趣生成包括用户兴趣的表示以及兴趣树的建立，在兴趣生成过程中还引入了时间机制，来反映用户兴趣的时效性，区分并修正短期兴趣和长期兴趣。

4. 兴趣更新

兴趣更新基于遗忘机制，通过周期性更新用户的短期兴趣和长期兴趣，保证系统所建立的用户兴趣模型能够及时准确地反映用户需求。

（二）用户兴趣挖掘

通过挖掘用户一定期间所访问的历史记录来获取用户兴趣。

面对杂乱无章的页面时首先应对这些页面进行特征表示，然后根据页面特征所反映出来的内容对页面进行分类，最后得到用户兴趣的向量表示。

1. 页面特征表示

页面特征表示方法参见"基于访问多标记用户分类系统构建方法研究"之"文本的向量表示"。

2. 页面分类

页面分类的计算方法如（6.3.1）式所示：

$$\text{sim}(p, u_c) = \frac{\sum_{i=1}^{n} p(i) \times u_c(i)}{\sqrt{\sum_{i=1}^{n} p(i)^2 \times \sum_{i=1}^{n} u_c(i)^2}} \tag{6.3.1}$$

其中，$\text{sim}(p, u_c)$ 表示页面 p 和用户兴趣类 u_c 之间的相似程度，$p(i)$ 表示页面中第 i 个特征词的权值，$u_c(i)$ 表示用户兴趣类中第 i 个特征词的权值。

3. 用户兴趣类向量表示

用户兴趣类向量表示方法如下：

1）统计用户兴趣模型中所有页面数量 N；

2）求出页面特征词的并集 $K = \{k_1, k_2, \cdots, k_m\}$ 作为用户兴趣类向量的特征词集；

3）统计特征词 k_i 在页面中出现的次数 n_i；

4）利用（6.3.2）式计算各特征词的权值：

$$w_i = TF_i \times IDF_i = \sum_{j=1}^{i} tf_{ij} \times \log\left(\frac{N}{n_i}\right) \qquad (6.3.2)$$

在得到页面特征词及其权值后，可得用户兴趣类向量 $u_c = \{(k_1, w_1), (k_2, w_2), \cdots, (k_n, w_n)\}(i=1, 2, \cdots, n)$，其中 k_i 属于 K，w_i 为兴趣类特征词的权值。

（三）用户兴趣存储

借鉴 ODP（Open Directory Project）思想，通过建立用户兴趣树对用户兴趣进行存储管理，用户兴趣树主要有两类结点：用户兴趣结点和特征词结点。其中用户兴趣树如图 6.3 所示，其中用虚线方框表示的结点是为了表示方便而形成的根结点；使用粗线方框表示的结点是用户结点；中间两层是用于表示用户兴趣类别的结点称为兴趣结点；最底层的结点表示特征词结点。

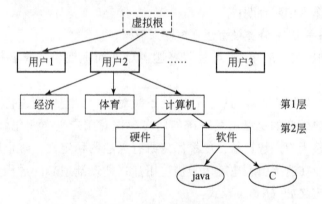

图 6.3　用户兴趣树示例

（四）用户兴趣模型建立与更新

建立用户兴趣模型首先要考虑如何建立长期兴趣树。用户可能短期内对某领域感兴趣而忽略了长期感兴趣的领域，这个情况势必会影响用户的搜索效果。为了避免这种情况的出现，在兴趣树中将长期兴趣的初始兴趣度设置为 10。长期兴趣树建立方法如下：

1）将用户账户作为长期兴趣树的用户结点；

2）根据用户输入的兴趣生成相应兴趣结点，并置用户定制的长期兴趣对应结点 $Node$（c_i）兴趣度为 10；

3）借鉴 ODP 分类模型建立长期兴趣树；

4) 利用（6.3.3）式对长期兴趣树自下而上逐层计算各父类结点 $Node(c_j)$ 的兴趣度 v_j。

$$v_j = \sum_{i=1}^{k} v_i \tag{6.3.3}$$

其中，v_i（$1 \leqslant i \leqslant k$）表示特征词结点权值或兴趣结点 $Node(c_i)$ 兴趣度；k 表示父结点的子类数。

　　然后需要考虑如何建立短期兴趣树。用户在注册时定制的兴趣使得模型能快捷地建立起长期兴趣树，但这些兴趣只是用户初始兴趣，随着时间推移，用户兴趣还会发生变化，这时就需要建立短期兴趣树来及时地反映用户兴趣变化。

　　短期兴趣树建立方法如下：

　　1) 将用户账户作为短期兴趣树的用户结点；

　　2) 根据页面分类结果，逐类计算特征词的权值，同时把各词最早出现的日期作为创建日期；

　　3) 参考 ODP 分类模型建立短期兴趣树；

　　4) 利用（6.3.3）式对短期兴趣树自下而上逐层计算各结点的兴趣度。

　　在建立好用户兴趣树后，还需要不断对用户兴趣模型进行更新。所谓用户兴趣模型的更新就是系统如何自动地对用户兴趣变化做出判断，适当地调整用户兴趣权值，尽量保持原有兴趣的稳定性，防止用户兴趣反复变化。在这类引入遗忘因子描述用户兴趣逐渐遗忘的过程。遗忘因子 $F(x)$ 定义如（6.3.4）式：

$$F(x) = e^{\frac{\log 2}{hl}(cur-est)} \tag{6.3.4}$$

其中，cur 表示当前日期，est 表示兴趣特征词或兴趣类第一次出现的日期，hl 表示半衰期，即经过 hl 天后用户的兴趣遗忘一半。

　　在兴趣树更新时也需要对长期兴趣树和短期兴趣树分别进行更新。

　　短期兴趣树的更新包括用户新兴趣的添加以及旧兴趣的遗忘。短期兴趣更新方法如下：

　　Step1：统计页面特征词；

　　Step2：根据页面分类结果，逐类统计特征词，利用向量空间模型 VSM，生成最新的兴趣类向量；

　　Step3：对原兴趣树中的特征词进行遗忘，利用（6.3.4）式分别计算各词的遗忘因子，得到遗忘后各词权值 $w_i' = w_i F(t_i)$；

Step4：将兴趣类向量中的特征词加到模型中，若短期兴趣中已存在该词，则转到 **Step5**，否则转到 **Step6** 执行；

Step5：重新计算该词的权值 $w_i = w_i' + w_i''$，其中 w_i' 为 **Step3** 计算得到的权值，w_i'' 为当前兴趣向量中的权值，并将该词的 est 设定为当前日期；

Step6：将该词添加到模型，并将 est 设定为当前日期；

Step7：更新短期兴趣特征词；

Step8：利用（6.3.3）式对短期兴趣树逐层计算各父类结点 $Node(c_j)$ 的兴趣度；

Step9：更新短期兴趣树。

在某段时间内，如果用户经常访问某个类或某个词，类兴趣度或特征词权值会逐渐增大。当类兴趣度大于阈值 th_c 或特征词对类兴趣度的影响程度大于阈值 th_t，则可将将其转化为长期兴趣，其中阈值 th_c 和 th_t 根据先验知识实现给定。

短期兴趣向长期兴趣转化方法如下：

Step1：从短期兴趣树中遍历出兴趣度大于阈值 th_c 的用户兴趣类和权值大于阈值 th_t 的特征词；

Step2：对 **Step1** 找到的特征词进行遗忘，利用（6.3.4）式分别计算各词的遗忘因子，得到遗忘后各词权值 $w_i' = w_i F(t_i)$；

Step3：将各词添加到长期兴趣树中相应位置，若该词已存在则转 **Step4**，否则转 **Step5**；

Step4：重新计算各词权值 $w_i = w_i' + w_i''$，其中 w_i' 为 **Step2** 得到的权值，w_i'' 为该词在原长期兴趣树中的权值，并将该词的 est 设定为当前日期；

Step5：将该词加到长期兴趣树，并设 est 为当前日期；

Step6：更新长期兴趣树。

长期兴趣相对稳定，但随着时间推移，用户对长期兴趣亦会逐渐遗忘。长期兴趣树更新方法如下：

Step1：对长期兴趣中的所有词进行遗忘，分别计算各词的遗忘因子，同时调整各词权值 $w_i' = w_i F(t_i)$，并将各词的 est 设为当前日期，更新长期兴趣特征词；

Step2：利用（6.3.3）式逐层计算各结点 $Node(c_j)$ 兴趣度；

Step3：淘汰兴趣度小于阈值 th_c 的兴趣类；

Step4：更新长期兴趣树。

三、实验分析

实验的目的是为了考察按照上面方法所建立的用户兴趣模型能否正确理解用户的需求并为用户提供有效的个性化检索服务。

（一）个性化模型建立

进行实验分析的数据来源于某用户 2014 年 3 月 1 日至 2014 年 3 月 15 日在新浪网上访问的 192 个页面。页面可归为 6 类：网球、编程、数码产品、操作系统、心理健康、礼品，类型 ID 分别为 100、101、102、103、104、105。用户定制的兴趣是：网球、编程、数码产品。实验数据的分布如表 6.1 所示。

表 6.1　测试页面分布表

ID＼批次	100	101	102	103	104	105
1	14	0	0	20	0	16
2	4	24	30	6	0	0
3	0	0	20	4	20	0
4	0	16	18	0	0	0

经过多次实验可以得到如下参数经验值：短期遗忘因子 $hl_s = 2$，长期遗忘因子 $hl_l = 7$，兴趣度阈值 $th_c = 10$，特征词权值 $th_t = 0.01$。用户兴趣模型分 4 批学习，实验过程如下：

1）处理第一批数据（2014 年 3 月 1 日）得到的短期兴趣见表 6.2。

表 6.2　第一批数据处理后的结果（短期兴趣）

ID	类名	兴趣度
100	网球	53.4
103	操作系统	70.7
105	礼品	54.0

2）处理第二批数据（2014 年 3 月 5 日）得到的短期兴趣和长期兴趣分别见表 6.3 和表 6.4。

表 6.3　第二批数据处理后的结果（短期兴趣）

ID	类名	兴趣度
100	网球	30.9
101	编程	82
102	数码产品	69.3
103	操作系统	34.2
105	礼品	9.6

由表 6.3 可知：新增兴趣有编程、数码产品。礼品的兴趣度下降，遗忘速度较快；而用户对编程、数码产品较为感兴趣。

将满足条件的短期兴趣转化为长期兴趣。由表 6.3 可知，只有礼品的兴趣度 $9.6 < th_c$。除礼品外，将表 6.3 中其他类型的短期兴趣转化为长期兴趣。

表 6.4　第二批数据处理后的结果（长期兴趣）

ID	类名	兴趣度
100	网球	39.5
101	编程	69.9
102	数码产品	69.1
103	操作系统	30.3

在表 6.4 中，网球长期兴趣比短期兴趣大的主要原因是用户定制了网球兴趣，保证该兴趣不会过早地从长期兴趣中淘汰。

3）处理第三批数据（2014 年 3 月 10 日）得到的短期兴趣见表 6.5。

表 6.5　第三批数据处理后的结果（短期兴趣）

ID	类名	兴趣度
100	网球	5.5
101	编程	14.5
102	数码产品	59
103	操作系统	19.5
104	心理健康	45.8
105	礼品	1.7

由表 6.5 可知，增加的兴趣是心理健康。网球、编程、数码产品、操作系统、礼品等兴趣均有不同程度的下降。

4）处理第四批数据（2014 年 3 月 15 日）得到的短期兴趣和长期兴趣分别见表 6.6 和表 6.7。

表 6.6　第四批数据处理后的结果（短期兴趣）

ID	类名	兴趣度
100	网球	1
101	编程	54.8
102	数码产品	65.2
103	操作系统	3.4
104	心理健康	8.1
105	礼品	0.3

由表 6.6 可知，用户短期兴趣发生较大变化：编程和数码产品的兴趣度上升，网球、操作系统、心理健康、礼品的兴趣度下降。将符合条件的短期兴趣转化为长期兴趣，并及时更新长期兴趣得到表 6.7。

表 6.7　第四批数据处理后的结果（长期兴趣）

ID	类名	兴趣度
100	网球	21
101	编程	58.9
102	数码产品	70
103	操作系统	11.3

经过 15 天对用户访问页面的跟踪，获得用户的长期兴趣和短期兴趣如图 6.4 和图 6.5 所示。

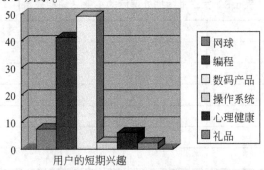

图 6.4　短期兴趣比重示意图

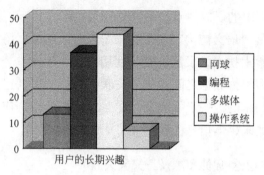

图 6.5　长期兴趣比重示意图

（二）个性化检索

先后输入检索词："索尼爱立信"、"苹果"、"windows"、"抑郁症"。实验结果见表 6.8。

表 6.8　个性化检索结果

检索词	检索序号	检索内容	类别
索爱	1-8	索爱数码产品	数码产品
	9-10	索爱网球公开赛	网球
苹果	1-5	苹果牌数码产品	数码产品
	6-7	水晶苹果礼品	礼品
windows	1-6	windows 编程相关内容	编程
	7-18	windows 操作系统	操作系统
抑郁症	1-3	抑郁症相关内容	心理健康

由表 6.8 可以看出：检索结果与用户兴趣一致。由此可见，用户兴趣模型能正确理解用户需求并有效提供个性化检索服务。

由上述理论和实验分析可以看出：本节提出的用户兴趣模型构建方法综合考虑用户注册兴趣及浏览行为，巧妙地将用户兴趣划分为长期兴趣和短期兴趣并通过兴趣树存储用户兴趣。此外，随着时间推移遗忘机制的引入保证模型能够及时准确地反映用户兴趣。通过模拟实验表明构建的用户兴趣模型能够有效地提高检索的查准率，使搜索结果更好地满足用户个性化需求。

第四节　跨媒体检索技术研究

随着互联网上多媒体数据量的不断增长，如何从中发现有用的知识成为现代搜索引擎的研究热点。多媒体检索技术在实际应用中显示出了它的优势，但是"语义鸿沟"问题并未得到有效解决。跨媒体检索的出现促进了信息检索技术的发展，充分利用网页、图像、音频、视频等数据，通过建立多媒体数据之间的交叉关联关系，实现真正意义上的语义检索。跨媒体技术的进一步发展及其在互联网中的推广应用，将从根本上提升互联网的多媒体信息检索能力以及用户的满意度[298]。

一、互联网上多媒体资源及其交叉关联

随着互联网的快速发展，在互联网上出现了大量的多媒体资源，这些资源规模庞大且形式多样，包括文本、图像、音频、视频、动画等多种类型，这些多媒体资源具有如下特点[299]：

①多种媒体数据共同存在；

②媒体数据的组织结构多样；

③不同媒体数据语义表达的一致性；

④多种媒体数据之间紧密联系。

在多种数据媒体之间存在以下四种交叉关联关系：

①文本内或文本间所包含对象的交叉关联；

②各类型多媒体数据所包含对象的交叉关联；

③用户在检索过程中提供的标注、评价、日志等交换信息之间的交叉关联；

④各类型多媒体数据与用户之间的交叉关联。

上述交叉关联关系见图 6.6。各类型多媒体数据之间存在的语义关联关系对于整合网络资源、实现个性化检索具有重要意义。

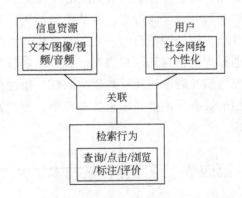

图 6.6　网络资源、用户和检索行为之间的关联示意图

二、跨媒体检索技术

随着互联网的快速发展，信息时代已逐步到来。现代互联网所具有的向公众提供综合信息服务的功能被进一步强化，此时搜索引擎的检索方式问题开始日益凸显，以关键词检索为主的检索机制缺乏语义理解能力，存在"语义鸿沟"问题，从而限制了信息服务水平的提升。

为了解决上述问题，研究人员提出跨媒体检索。跨媒体检索是指信息检索系统在多媒体检索基础上通过对各种媒体特征的分析，综合利用其内在语义联系，对具有相同或相近语义的信息进行不同媒体表示形式的处理，从而实现互联网上多媒体资源的有效存储和精确检索。跨媒体检索的工作机理与人类认识世界的方式相似，即人类利用多种感觉器官认识世界并通过融合多种感知信息来加深对世界的认识。在进行跨媒体检索时，用户只需将某一媒体信息作为检索项，信息检索系统便会返回语义相同或相近各类型多媒体信息。随着跨媒体检索研究的不断深入，信息检索系统所面临的"语义鸿沟"问题终将得到解决。

（一）从多媒体检索到跨媒体检索

为解决早期基于文本的多媒体检索费时费力、主观差异性大的问题，20 世纪 90 年代出现了基于内容的多媒体检索方法，其基本思路是通过视觉、听觉或者几何特征来计算被检索对象和用户查询之间的相似度[300]。基于内容的多媒体检索的"内容"在提出时指的是"底层特征（如视觉或听觉等特征）"或"检索样例"，而非语义内容。为解决信息检索中存在的"语义鸿沟"问题，研究人员在信息的特征空间和语义空间之间建立某种映射关系和反馈机制。目前主流的反馈技术主要有基于反馈定制、概率模型、机器学习、用户驱动等几类。反馈技术的使用有效地提高了检索效率。但基于内容的多媒体检索无法实现真正意义上的语义检索，"语义鸿沟"问题并未从根本上予以解决。

多媒体数据往往伴随文本信息以及用户标注信息，从中提取能反映多媒体数据语义信息成为近年来的研究热点。主流研究的基本思路是通过对标注训练数据集的学习得到标注对象与文本数据之间的对应关系，然后计算语义关键词在未标注数据中出现的概率。目前，基于图像的信息检索重点研究图像的语义标注，这面临大规模图像标注、标注扩展以及标注不一致等问题。标注信息主要利用关键词检索和图像检索的结果对其对应的文本信息进行主题聚类获得。随着图像检索技术的发展，对图像的标注不仅局限于对整幅图像，对图像包含的实体进行标注成为当下研究的重要方向，典型代表是美国卡内基梅隆大学的人脸标注系统"Name It"。

　　传统的单一类型搜索引擎利用文本信息和链接属性实现信息检索，通过多媒体视听觉底层特征和样例，以及相关反馈技术实现基于内容的多媒体检索。这些方法忽略了媒体之间存在的关联特性，难以实现不同类型媒体数据的统一检索。为了满足互联网使用者对这些多媒体数据检索的需求，需要研究一种新的检索方法，可以检索到相似主题、不同类型的多媒体对象。这种新的检索方式能够处理和查询不同类型的多媒体数据，极大地扩展使用者获取多媒体信息的途径和范围。这类"跨媒体检索"方式需要达到如下要求[301]。

　　首先，跨媒体检索要支持检索过程中在数据类型上的跨越。所谓异构多媒体数据指的是不同类型的多媒体数据，如图像与音频数据就互为异构多媒体数据。如给定一幅图像、一篇文本和一段音频数据，虽然它们对信息的表现形式各异，底层特征也不同。但是，异构多媒体数据却可以在语义层面统一起来：如老虎的图像、老虎习性的描述性文字和老虎吼叫的音频数据虽然表达形式各异，却在语义层面共同表达了老虎这一概念。传统的单一媒体相关技术忽略了异构多媒体数据在语义上的共性，因而不能有效处理异构多媒体数据共存的复杂多媒体数据，也无法有效跨越"语义鸿沟"。作为单一媒体技术在理论和功能上的延伸，跨媒体技术将异构多媒体数据统一理解分析；图像、文本、音频、视频等异构多媒体数据在语义层面的共性得以利用，这不但更符合人类的思维方式，而且也便于对异构多媒体数据的统一管理，以方便用户对其使用以及信息的传递。

　　其次，跨媒体检索要支持同构多媒体数据在语义上的跨越。所谓同构多媒体数据指的是相同类型的多媒体数据，如两幅图像互为同构多媒体数据。由于不同概念之间有着复杂的关联，虽然同构多媒体数据表达方式一致，但是它们所蕴含的语义联系却错综复杂。如何挖掘同构多媒体数据之间的语义关联信息是跨媒体研究的又一重要内容。以不同的文本数据为例，它们虽然表达形式一致，但是所蕴含的语义关联却有可能是相反、相近、相同的。跨媒体研究就是要根据同构多媒体数据在特征空间内错综复杂的分布找到它们之间的潜在的语义关联，从而完成语义的跨越。比如仅仅在文本的特征空间，"稻谷"和"午饭"这两个文本对象所描述的内容属于不同概念，而在语义层面二者有明显的关联。跨媒体研究则要根据全体文本对象在特征空间的分布，挖掘出同构多媒体数据之间这种固有的语义关联，从而方便对这些多媒体数据的检索和利用。

最后，跨媒体检索也要支持异构多媒体数据在语义上的跨越。对异构多媒体数据在语义上的跨越，目的是找到异构多媒体数据之间错综复杂的语义关联，这是对前面所述两项研究的综合。比如老虎的叫声和灰狼的图像，它们既不是同一类多媒体数据（二者类型分别属于音频和图像），表达的语义也不相同（二者语义分别属于老虎和灰狼），但是考虑到老虎和灰狼同属食肉动物，这两类多媒体数据之间又有一定的语义关联。这种异构多媒体数据的语义关联挖掘，传统的单一媒体研究并没有涉及。因此，这一研究内容是跨媒体研究对传统单一媒体研究的进一步延伸和拓展。从图像、音频等媒体数据中提取出来的视觉和听觉等特征量纲不同，存在异构性。要实现跨媒体检索，需要解决如何度量异构特征相似性问题。最近一些研究通过典型相关性分析（canonical correlation analysis，CCA）挖掘异构数据在特征上潜在的统计关系，从而生成包含不同类型数据的同构子空间实现异构数据相似性度量，并在特征降维后能最大限度地保持原始异构数据的相关性。由于典型相关性分析是建立在两个不同变量场所对应矩阵的基础上，因此，同样也适用于对图像与音频、音频与文本等跨媒体特征的相关性分析。

（二）从多媒体表达到跨媒体表达

在知识表达方面，早期人工智能领域有一些研究人员主张用统一的逻辑框架来表示各种事物。随着数据挖掘技术的发展，通过统计学习的方法获得多媒体数据表达的研究逐渐成为机器学习领域的热点。从多媒体数据中提取出文本和视觉、听觉等底层特征，拼合成特征向量后，需要解决如何学习得到特征向量相似度度量函数，使其与数据在原始空间几何分布一致的问题。该方面较有代表性的工作可分为子空间学习和流形学习两类。研究表明互联网中许多类型数据的分布并不是线性的，而是非线性的流形结构。基于上述理论，国内外研究人员提出多种流形学习方法。同时多媒体数据中局部特征提取也成为业界关注的热点。"词袋"在自然语言理解中表示文档，受其启发，"视觉单词"和"数据文法"可以用来表示图像和视频数据。该方法利用 SIFT（scale invariant feature transform）算法提取图像和视频数据的局部特征并将聚类后的结果作为视觉单词。计算机视觉中有关图像分割技术的发展使得通过对图像中对象识别，构建视觉单词和视觉文法实现图像解释成为可能。由于从图像、视频、网页和动画等多媒体数据中提取的特征仍然较多，传统向量空间模型表示多媒体数据存在两大问题：其一是造成"维数灾难"问题；其二是由于特征向量维度过高以及训练样本不足，将不同属性特征进行拼合引起"过压缩"问题，导致大量信息丢失。另外，不同类型特征通过简单向量拼接也在一定程度上减弱或忽略了视频中这些多种属性特征之间关联性。为了反映跨媒体数据中存在的交叉关联等复杂关系，矩阵、张量和图等形式下数据结构被使用，由于其能描述复杂对象各组成部分之间的拓扑结构，并能阐明关于表示的假设，因而计算效率得到有效提高。如何实现矩阵、张量和图等复杂结构处理是实现跨媒体理解要解决的关键问题。

（三）未来研究热点

信息检索技术是互联网发展的重要内容之一，随着互联网上数据量的不断增长，信息资源检索至今仍作为一个热门研究方向备受关注。在未来几年，信息资源检索在以下方面值得关注。

1）底层特征很难与高层语义建立准确的对应关系，"语义鸿沟"问题仍是跨媒体检索面临的一大难题。

2）Web2.0 时代下，用户在媒体内容生成和编辑过程中的参与度急剧增强。如何从用户交互中获取用户行为，生成偏好信息，发现用户社区，实现更理想的个性化检索将是搜索引擎提供更优质服务的关键所在。

3）近年涌现出不少利用机器学习算法在互联网级语料库或图像库实现知识发现和语义理解的研究成果。该研究的进一步深入是将跨媒体检索推向实用的必经之路。

4）压缩感知和变量选择理论与方法相结合，用来对图像形成更加有效的"稀疏表达"（sparse representation），已成为计算机视觉和机器学习等领域的研究热点。如可针对图像中不同视觉特征在表示特定高层语义时所起重要程度不同，定义结构性组稀疏（structural grouping sparsity）机制[302]实现高维异构特征的差别性选择。

第七章 Web 页面链接分析的应用研究

随着互联网技术的飞速发展，网上数据量与日俱增。面对海量数据，人们往往陷入"数据过剩，信息短缺"的困境。如何提高互联网上信息获取能力成为人们关注的热点问题之一。1997 年，Almind 发表了《万维网上的情报计量分析：网络计量学方法门径》一文，认为网络计量学是运用情报计量方法对网络通信的有关问题进行的研究，这一概念的提出标志着网络计量学的正式确立。而作为网络计量学的一个分支，链接分析也成为人们研究的热点，图书情报、社会学、数学、计算机科学等学科的研究人员从不同角度揭示了网络链接的丰富内涵。图书情报领域的链接分析是从传统的引文分析中发展出来的一种新的研究方法，它通过对网页间链接数量、类型、链接集中与分散和共链等现象进行分析，实现 Web 信息评价和 Web 挖掘。

随着网络链接分析的不断发展，越来越多的理论和方法被引入网络链接分析，这不仅为网络链接分析研究提供了新的理论、方法、工具和手段，而且进一步促进了网络链接分析的应用。目前，网络链接分析及其应用展现出勃勃生机。

本章在深入分析链接分析法研究进展的基础上，指出链接分析方法的局限性及其发展前景，最后总结归纳了笔者在相关方面的研究工作。

第一节 链接分析研究进展

网络链接分析的研究始于 20 世纪 90 年代，且同时出现在情报学、计算机科学、数学等多个学科领域。1996 年，信息科学家 Bossy 提出将信息技术应用到互联网；1996 年，Larson 首次发表信息科学视角的链接分析研究，明确提出将文献计量学与网络信息技术结合，对主题链接结构进行评价；1997 年，先后有学者提出了"网络信息计量分析"和"网络引文分析"，为链接分析奠定了理论基础。此后，越来越多的科学家投入到链接分析的研究中，不断涌现出新的成果，并应用在网站设计、搜索引擎、知识挖掘等众多领域。

著名信息科学家 Mike Thelwall 对链接分析提出了如下定义："链接分析就是采用并改进现有的信息技术，借助文档之间的相互关联，对文档自身的特征进行深入分析。"[303] 这是在引文分析的基础上发展的，并对其理论和方法进行了一定的扩展。通过链接分析法可以对页面、目录、域名、站点四个层面的链接文档进行统计分析、量化研究，了解链接的分类、Web 的结构等信息。

近年来，随着互联网技术的不断发展，链接分析法受到业界的广泛关注并取得一些成果，下面从理论研究和应用研究两方面对其研究进展进行回顾。

一、理论研究

国内外对链接分析的研究主要围绕四大视角展开，即网络计量学视角、检索优化视角、网络社区发现视角和 Web 结构图建模视角。

（一）网络计量学视角

网络计量学视角的链接分析研究包括链接特征分析、链接类型划分和网络信息资源评价三方面。链接特征分析属于链接分析最基本的内容，主要围绕数量特征和分布特征对链接进行分析，借此可以对网络信息资源的网状结构和资源分布状况有更深入的了解。链接分类是链接分析研究的一个关键问题，因为链接类型的划分直接影响研究成果，不同的研究者出于不同的研究目的往往采用不同的链接分类方法，最具代表性的链接分类是 Smith A G 的实质性和非实质性划分方法，即将链接分为实质性链接和非实质性链接两类。此外，还有研究者根据施链网页与被链网页之间的关系、链接的功能和属性等进行链接类型划分。

（二）检索优化视角

检索优化视角的链接分析包括对搜索引擎性能的评价、链接分析算法研究和聚焦爬虫三方面。搜索引擎是链接分析的主要工具之一，而链接分析效果反过来又可以作为搜索引擎性能的测度指标。链接分析算法，如 PageRank 和 HITS（hypertext-induced topic search），一直是该领域的研究热点。当面对搜索引擎主题不明确等问题时，聚焦爬虫成了又一研究热点。Chakrabarti 提出的主题爬虫极具代表性。

（三）网络社区发现视角

链接分析的第三大视角是网络社区发现，包括共链分析和 Web 页面聚类。网络共链分析是一种在获取隐性网络信息资源方面经常使用的方法。美国情报学家 Ray 率先研究了共链现象，他利用共链分析探讨网络空间的知识结构，研究学科之间的关系。Web 页面通过数据挖掘实现聚类，由于 Web 页面聚类常被用于信息检索、引擎优化等领域，因此该领域的研究可以提高检索效率。网民共同的爱好和需求使得互联网中出现很多紧密相连的网页，这些网页构成一个个能够反映 Web 组织结构的网络社区，明确 Web 空间内部的连接情况有利于发现潜在的网络社区。

（四）Web 结构图建模视角

Web 结构图建模视角是根据网络链接的特有属性建立结构图模型。这些模型不仅对理解互联网的各个属性具有重要意义，而且对很多互联网算法的生成与改进有直接帮助。随机模型和互联网小世界模型是两个较为典型的模型。网络中的节点和链接关系组成了有向图，这些节点和链接关系的建立和删除又具有随机性，因此可以构建 Web 结构图的随机模型。

此外，一些学者还尝试从其他视角对链接分析进行研究，如 Peter 提出链接分析可以用来研究社会网络的核心用户识别问题；东南大学葛唯益等研究基于语义 Web 的链接结构分析等。

二、应用研究

由于网页间的链接隐藏着丰富的信息，研究人员开始致力于挖掘链接信息，注重应用方面的研究，总体来说主要包括以下几个方面。

（一）网络信息资源评价方面的应用

目前，利用链接分析法对网站信息资源及网站影响力评价的研究，大多集中在高校网站、高校图书馆网站、专业期刊网站等。黄贺方、孙建军使用 AllTheWeb 对四大门户网站的网页总数、链接总数、外部链接数进行测度，并计算出其网络影响因子和链接效率，以此来评价四大门户网站的被利用情况[304]。初步确定外部链接数能同时提升网站影响力和流量，为门户网站自身优化提供了思路。沙勇忠、欧阳霞运用链接分析

法和网络影响因子测度法，对我国省级政府网站的影响力进行了
评价[305]。

（二）商业竞争情报中的应用

由于互联网上商业网站间的链接关系中蕴含了大量的商业信息，因
而对商业网站的链接分析也成为竞争情报研究的一个方向。Liwen 等发现
商业网站的入链接与企业的运营状况有非常大的相关性[306]。2005 年，
Vanghan 对商业网站的链接动机做了定量研究，发现大部分链接的建立
都是基于商业目的，得出商业链接数据可以作为研究商业信息挖掘材料
的结论[307]。2006 年，Liwen 在先前网络链接分析的基础上加入了文本分
析方法，以北美 280 家 IT 企业网站作为研究对象，通过 Yahoo! 搜索引
擎获得链接数据，然后通过人工文本分析法研究链接动机，发现同类商
业竞争者网站间很少互相链接，但经常同时被第三方网站链接的现象，
由此奠定了商业网站共链分析的可行性基础[308]。

（三）信息检索中的应用

由于网络链接对信息检索系统的查准率有很大影响，因此，对网络
链接的研究也为提高信息检索的查准率提供了技术支持。Sergey 和
Lawrence 在《大规模超文本网络搜索引擎的剖析》一文中首先提出了
PageRank 算法。该算法对网页进行评价，为每个网页赋予一个其重要性
的值，并应用于检索结果排序。目前，链接分析在信息检索中的应用，
多见于计算机领域。

（四）学术网络和商业网络中的应用

在学术网络的链接分析方面，Thelwall 等借助爬虫软件对英国大学网
站及学术机构网站的链接分类进行了研究[309]；Aguillo 等对西班牙大学
网站内部的互链关系做了研究[310]；Smith 等研究了澳大利亚大学网站的
影响因子[311]；金晓耕等对世界排名前 30 位的高校网站进行了基于链接
的社会网络分析与评价[312]；郭亚宁等对国内 15 所农林类院校的网站作
出了评价[313]；刘媞媞在链接分析的基础上评价了山东省高校网站的建设
情况等[314]。在商业网络的链接分析方面，Liwen 首次以商业网站为研究
对象，研究了企业网站的链接与业绩之间的关系[315]；Vaughan 利用
Yahoo 获得的链接数据，对 IT 企业网站的互链和共链情况进行了分

析[308]；王皓等对 2009 年世界 500 强企业中的 34 家大陆企业网站作了共入链分析等[316]。

　　总之，网络链接分析在理论和应用方面的研究都处于探索阶段，没有形成成熟完善的理论方法体系，应用方面也仅局限于某些成熟的领域。对网络链接分析的研究思路仍未摆脱文献计量学的影响和束缚。同时，网络分析在实际应用中也存在一些缺陷，如在链接分析统计样本数据时缺乏科学性，网上数据复杂，网络链接抽取比较困难，并且网络处于动态的变化之中，数据可再现性差。此外，缺乏完善的链接分析工具。这些缺陷将是今后研究的重点。

第二节　链接分析法的局限性及其发展前景

　　虽然链接分析法有广泛的应用空间，但在很多方面还不尽如人意，主要表现在以下几方面。

一、链接分析法的理论基石还不够稳固

　　由于链接分析法兴起不久，而且现有的研究也以尝试性应用研究为主，而支撑链接分析法有效性的理论还不够成熟。尤其是我们参考了很多文献计量学的理论和方法，如果不对网页与文献、链接与引文等的区别进行深入分析和探讨，就很可能犯不顾对象、简单套用的错误。

二、链接自身的复杂性带来相当多的障碍

　　链接数量巨大、动机多样、变化迅速、设置随意等特点，给链接分析法的有效性、实用性和可操作性提出了挑战。在具体研究中，应针对上述问题采取灵活的应对措施。例如，可以借鉴物理学中抽象的方法，使用链接分析法时采取"先忽略部分非关键因素，得出有价值的结论，再由理想模型向复杂的实际趋近"的策略。此外，由于在网上存在着大量的镜像主机，镜像主机和主机在内容和结构上非常相似，在进行链接分析时，往往会造成干扰和效率低下，有时可以考虑通过将链接分析和IP 地址分析、URL 分析结合起来解决。

三、对分析工具的依赖和分析工具存在的问题

　　网络是科技进步的产物，而对网络信息进行研究，也常常需要一定

科技含量的工具，如搜索引擎、网络数据库和数学统计分析软件等。如果缺乏这些工具，只采用传统的人工方法来面对浩如烟海的网络信息资源是完全不可想象的。然而现有的工具主要存在三方面的问题：容量有限、测算维度少且结果粗糙、性能不稳定。

第三节　基于链接分析算法的页面分类系统构建方法研究

一、常见超链接分析算法

（一）PageRank 算法

PageRank[317]是 Google 用来度量页面重要性的方法之一。PageRank 算法通过页面的链接结构描述各页面的重要程度。当页面 x 链接到页面 y，则表示页面 x 给页面 y 投了一票。一个页面得票越多，表明其重要性越大。此外，投票页面的权威性也决定着投票的重要性。因此，PageRank 不仅与得票数有关，也与投票页面的权威性有关。

PageRank 的定义如下：当有页面 T_1，T_2，…，T_n 指向页面 A 时，则页面 A 的 PageRank 值计算公式如下：

$$PR(A) = (1 - d)/N + d \sum_{i \in B(A)} PR(T_i)/C(T_i) \qquad (7.3.1)$$

对于上式有以下几点说明：

1）$PR(A)$ 表示页面 A 的 PageRank 值；

2）$B(A)$ 表示链入到页面 A 的页面集合，$T_i(i=1，2，…，n)$ 表示页面 A 的链入页面，$PR(T_i)$ 表示页面 T_i 的 PageRank 值，N 表示页面总数；

3）$C(T_i)$ 表示页面 T_i 链接其他页面数；$PR(T_i)/C(T_i)$ 表示页面 T_i 给 A 的投票权重；

4）d 表示权重系数，一般取值 0.85。$(1-d)/N$ 表示任意浏览时访问到页面 A 的概率，$d \sum_{i \in B(A)} PR(T_i)/C(T_i)$ 表示通过指向页面 A 的链接访问到页面 A 的概率，两者之和表示访问到页面 A 的总概率。

由（7.3.1）式可知：PageRank 值的计算是一个不断迭代的过程。通常做法是给各页面赋予初始值，然后在此基础上进行迭代计算，当计算结果收敛于某个值时，则迭代结束，得到的值即为 PageRank 值。事实证明，给定的初始值与最终得到的 PageRank 值无关。

（二）HITS 算法

Kleinberg 于 1999 年提出的 HITS 算法用来对 Web 页面的重要性进行评价。HITS 算法建立在相互信任机制下，其通过分析不同页面之间的相互链接关系来分析网页内容的重要程度。HITS 算法基于页面的链入、链出数提出权威页面（Authority）和中心页面（Hub）的概念。Authority 指与查询主题最为相关且具有权威性的页面；Hub 本身内容未必重要，但其包含了多个指向权威页面的超链。Authority 和 Hub 表现出的是一种相互作用，即一个好的 Hub 应该指向众多好的 Authority，一个好的 Authority 则应该被众多好的 Hub 指向。

HITS 算法的基本思路是首先根据查询词构造网络子图 G (V, E)，其中 V 表示页面，E 表示页面之间的关系；然后迭代计算出 Authority 权值和 Hub 权值。具体步骤如下：

Step1：基于关键词匹配进行页面分析得到与查询相关的页面集合——root 集；

Step2：通过链接分析扩展 root 集，扩展方法如下：对于 root 集中的所有网页 p，将所有 p 链接指向的页面加入到 root 集，加入指向 p 的页面到 base 集；

Step3：计算 base 集中的 Authority 权值和 Hub 权值。假设 Authority 权值和 Hub 权值分别用 $A(p)$ 和 $H(q)$ 表示，计算原理如图 7.1 所示。对上述两类权值的计算通过循环执行 I 操作和 O 操作来完成。

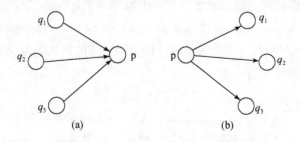

图 7.1　Authority 权值和 Hub 权值计算原理图

1）p 的 $A(p)$ 等于所有指向 p 的页面 q 的 $H(q)$ 之和，即

I 操作（计算 Authority 权值）

$$A(p) = \sum_{q,\ q \to p} H(q) \tag{7.3.2}$$

2）p 的 $H(p)$ 等于所有被 p 指向的页面 q 的 $A(q)$ 之和，即

O 操作（计算 Hub 权值）

$$H(p) = \sum_{q,\ p \to q} A(q) \tag{7.3.3}$$

其中，符号 $p \to q$ 表示页面 p 链接到 q，同理 $q \to p$。经若干次迭代后可得页面 p 的 Authority 权值和 Hub 权值。

Step4：根据 Authority 权值大小对页面排序，并将排名靠前的页面返回给用户。

二、基于万有引力定律和 **PageRank** 的页面分类系统构建方法研究

随着信息技术的飞速发展，网络资源日益丰富，数据量迅速增加，如何从大量 Web 页面中快速找到用户需要的信息成为一个亟待解决的问题。为了提高页面检索效率，页面分类技术作为信息检索的一个重要研究方向备受关注。页面分类任务是对未知类别的页面进行自动处理，判断它们所属预定义类别集中的某个类别。当前主流的页面分类算法可概括为以下三类：①基于概率模型的分类算法；②基于规则的分类算法，如决策树、粗糙集理论等；③基于链接的分类算法，如人工神经网络。

上述方法在实际应用中取得了较为理想的分类效果，但它们均未考虑页面之间的相互关系，因而无法体现页面分类的特殊性。鉴于此，受万有引力定律启发，提出基于万有引力定律和 PageRank 的页面分类方法（page classification method based on the law of universal gravitation and PageRank，PCM）[16]。该方法通过分析页面之间的链入、链出关系，将页面归入受影响较大的一类。

（一）算法流程

基于万有引力定律和 PageRank 的页面分类系统（page classification system based on the law of universal gravitation and pagerank，PCS）[318] 的工作流程是：首先对页面进行预处理并得到页面的向量化表示；然后利用 PCM 对训练样本进行学习；最后利用学习到的分类依据对无标签样本进行类属判定。PCS 的流程图如图 7.2 所示。

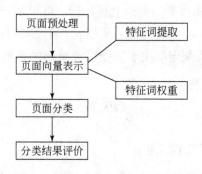

图 7.2　PCS 流程图

1. 页面表示

Step1：页面预处理

页面预处理主要内容是清除与研究无关的文件，如图片、视频、脚本等。

Step2：页面向量化表示

页面向量化表示方法参见"基于访问多标记用户分类系统构建方法研究"之"文本的向量表示"。

2. 基于万有引力定律和 PageRank 的页面分类方法

设训练样本为一组给定的独立同分布的有标签训练样本集 $L=\{(x_1, y_1), (x_2, y_2), \cdots,, (x_l, y_l)\}$，其中 $x_i(i=1, 2, \cdots, N)$ 表示训练样本，$y_i \in \{+1, -1\}$ 表示类别标签。

受万有引力定律启发，得到基于万有引力的分类方法的基本思想：对于一个类别未知的质点 m，其类属判定主要取决于受到哪个质点（m_1 或 m_2）的引力更大。上述思想可由 (7.3.4) 式表示：

$$\text{sgn}(m) = G\left(\frac{m_1 m}{r_1^2} - \frac{m_2 m}{r_2^2}\right) \tag{7.3.4}$$

其中，$\text{sgn}(\cdot)$ 为符号函数，当 $G\left(\dfrac{m_1 m}{r_1^2} - \dfrac{m_2 m}{r_2^2}\right) > 0$，则 $\text{sgn}(m) = 1$，表明质点 m 与 m_1 同类；否则，$\text{sgn}(m) = -1$，表明质点 m 与 m_2 同类。r_1 和 r_2 分别表示质点 m 与 m_1 和 m_2 之间的距离。

具体到页面分类，万有引力定律中研究对象——质点变为页面，因此，(7.3.4) 式中质点的质量度量应改进为页面的权重度量，而页面权重可由 PageRank 算法得到。基于上述分析，可得基于万有引力的页面分类方法 PCM：对于一个类属未知的页面 p，假设其对应的 PageRank 值为 PR，则页面 p 的类属判定取决于其受哪类页面的影响更大。上述思想可表示为

$$\text{sgn}(p) = G\left(\frac{\overline{PR_1}PR}{r_1^2} - \frac{\overline{PR_2}PR}{r_2^2}\right) \tag{7.3.5}$$

对于上式有以下几点说明：

1）$\overline{PR_1}$ 和 $\overline{PR_2}$ 分别表示第一类和第二类页面的算术平均 PR 值，即：

$$\overline{PR_1} = \frac{1}{N_1}\sum_{i \in c_1} PR_i$$

$$\overline{PR_2} = \frac{1}{N_2}\sum_{i \in c_2} PR_i$$

其中 c_1 和 c_2 分别表示第一类和第二类页面，N_1 和 N_2 分别表示两类页面数。

2）r_1 和 r_2 分别表示页面 p 与第一类页面中心和第二类页面中心之间的欧式距离。

由（7.3.5）式可知：当 $\dfrac{\overline{PR_1}PR}{r_1^2} > \dfrac{\overline{PR_2}PR}{r_2^2}$，则页面 p 属于第一类；否则，页面 p 属于第二类。

3. 算法描述

输入数据：训练集合 X_Train

输出数据：测试集合 X_Test 中页面的类属

Step1：页面预处理；

Step2：将页面转化为文本并进行分词、去虚词、低频词等处理；

Step3：利用向量空间模型 VSM 对文本特征进行向量表示，即将剩下的词作为特征词并保留其出现频率计算特征词权重；

Step4：利用 PCM 对 X_Train 进行学习得到分类依据；

Step5：利用式（7.3.5）对 X_Test 中各页面进行类属判定。

（二）实验验证

选取搜狗实验室共享新闻语料集作为实验数据集。其中体育 1500 篇，社会 1000 篇，娱乐 1200 篇，财经 1500 篇，共计 4 大类 5200 篇。训

练集合由以上页面的 70% 组成，测试集合由剩下的页面组成。分类效率由以下三个指标刻画：准确率（P）、召回率（R）、$F1$ 值，其定义如下：

$$P = A/A+B, \ R = A/A+C, \ F1 = 2 \times P \times R/P+R$$

其中，A 表示系统检索到的相关页面，B 表示系统检索到的不相关页面，C 表示相关但系统未检索到的页面。

实验利用向量空间模型 VSM 将页面预处理后得到高维特征向量并经主元分析 PCA 进行降维。

通过与 SVM 和 KNN 的比较实验来验证本文所提方法的有效性。SVM 中的惩罚因子选取 0.5，KNN 中的参数 K 选取 5。实验结果如表 7.1 所示。

表 7.1　实验结果

类别	SVM			KNN			PCM		
	P	R	$F1$	P	R	$F1$	P	R	$F1$
体育	0.8667	0.8571	0.8619	0.8523	0.8491	0.8507	0.9423	0.8897	0.9152
社会	0.8305	0.8596	0.8448	0.8631	0.8427	0.8528	0.9105	0.8592	0.8841
娱乐	0.7692	0.7895	0.7792	0.7754	0.7638	0.7696	0.8410	0.8231	0.8320
财经	0.9091	0.8434	0.8750	0.8989	0.8563	0.8771	0.9000	0.8399	0.8689
平均值	0.8439	0.8374	0.8402	0.8474	0.8280	0.8376	0.8985	0.8530	0.8751

由表 7.1 可以看出：除财经类外，PCM 在上述语料集上的准确率、召回率以及 $F1$ 值较之 SVM 和 KNN 均更优。从上述指标的平均性能上看，PCM 亦具有较大优势。

参 考 文 献

［1］ Brandwajn A, Begin T. Breaking the dimensionality curse in multi-server queues ［J］. Computers & Operations Research, 2016, 73: 141-149

［2］ 刘建伟, 刘媛, 罗雄麟. 半监督学习方法 ［J］. 计算机学报, 2015, 38 (8): 1592-1617

［3］ Sun Y J. Iterative RELIEF for feature weighting: algorithms, theories and applications ［J］. IEEE Transactions on Pattern Analysis and Machine Intelligence, 2007, 29 (6): 1035-1051

［4］ Bharti K K, Singh P K. Hybrid dimension reduction by integrating feature selection with feature extraction method for text clustering ［J］. Expert Systems with Applications, 2015, 42 (6): 3105-3114

［5］ Geol K, Vohara R, Bakshi A. A novel feature selection and extraction technique for classification ［C］. Proceedings of the IEEE International Conference on Systems, Man, and Cybernetics. California, USA, 2014: 4033-4034

［6］ Solorio-Fernández S, Carrasco-Ochoa A, Martínez-Trinidad J F. A new hybrid filter-wrapper feature selection method for clustering based on ranking ［J］. Neurocomputing, 2016, 214: 866-880

［7］ Apolloni J, Leguizamón G, Alba E. Two hybrid wrapper-filter feature selection algorithms applied to high-dimensional microarray experiments ［J］. Applied Soft Computing, 2016, 38: 922-932

［8］ Ghaemi M, Feizi-Derakhshi M. Feature selection using Forest Optimization Algorithm ［J］. Pattern Recognition, 2016, 60: 121-129

［9］ Lin Y J, Hu Q H, Zhang J, et al. Multi-label feature selection with streaming labels ［J］. Information Sciences, 2016, 372: 256-275

［10］ Kira K, Rendell L. The feature selection problem: Traditional methods and a new algorithm ［C］. Proceedings of the 9th Conference on Artificial Intelligence. New Orleans, USA, 1992: 129-134

［11］ Nakariyakui S, Casasent D P. Adaptive branch and bound algorithm for selecting optimal features ［J］. Pattern Recognition Letters, 2007, 28 (12): 1415-1427

［12］ Dy J G, Brodley C E. Feature subset selection and orderidentification for unsupervised learning ［C］. Proceedings of the 17th International Conference on Machine Learning. San Francisco, USA, 2000: 88-97

［13］ Whiteson S, Stone P, Stanley K O, et al. Automatic feature selection in neuroevolution ［C］. Proceedings of the Conference on Genetic and Evolutionary Computation. New York, USA, 2005: 1225-1232

［14］ Jenke R, Peer A, Buss M. Feature extraction and selection for emotion recognition from EEG ［J］. IEEE Transactions on Affective Computing, 2014, 5 (3): 327-339

［15］ Liu F D, Yang X J, Guan N Y, et al. Online graph regularized non-negative matrix factorization for large-scale datasets ［J］. Neurocomputing, 2016, 204: 162-171

［16］ Yang B, Fu X, Sidiropoulos N D. Learning from hidden traits: Joint factor analysis and latent clustering ［J］. IEEE Transactions on Signal Processing, 2017, 65 (1): 256-269

［17］ Chen Y H, Tong S G, Cong F Y, et al. Symmetrical singular value decomposition representation for pattern recognition ［J］. Neurocomputing, 2016, 214: 143-154

［18］ Williams J H. Principal component analysis of production data ［J］. Radio and Electronic Engineer, 1974, 44 (9): 437-480

［19］ Anishchenko L N. Independent component analysis in bioradar data processing ［C］. Proceedings of the Progress in Electromagnetic Research Symposium. Shanghai, China, 2016: 2206-2210

［20］ Peter N B, Joao P H, David J K. Eigenfaces vs. Fisherfaces: recognition Using Class Specific Linear Projection ［J］. IEEE Transactions on Pattern Analysis and Machine Intelligence, 1997, 19 (7): 711-720

［21］ Lopez M M, Ramirez J, Alvarez I, et al. SVM-based CAD system for early detection of the Alzheimer' s disease using kernel PCA and LDA ［J］. Neuroscience Letters, 2009, 464 (3): 233-238

［22］ Mika S, Ratsch G, Weston J, et al. Constructing descriptive and discriminative nonlinear features: rayleigh coefficients in kernel feature spaces ［J］. IEEE Transactions on Pattern Analysis and Machine Intelligence, 2003, 25 (3): 623-628

［23］ Yang M H. Kernel eigenfaces vs. kernel fisherfaces: face recognition using kernel methods ［C］. Proceedings of the 5th IEEE International Conference. Automatic Face and Gesture Recognition, Washington D C. USA, 2002: 215-220

［24］ Hu Y H, He S H. Integrated evaluation method ［M］. Beijing: Scientific Press, 2000

［25］ Roweis S T, Saul L K. Nonlinear dimensionality reduction by locally linear embedding ［J］. Science, 2000, 290: 2323-2326

［26］ Belkin M, Niyogi P. Laplacian eigenmaps and spectral techniques for embedding and clustering ［J］. Advances in Neural Information Processing Systems, 2002, 14 (6): 585-591

[27] Zhang Z, Zha H. Principal manifolds and nonlineardimensionality reduction via tangent space alignment [J]. SIAM Journal on Scientific Computing, 2005, 26 (1): 313-338

[28] Donoho D, Grirnes C. Hessian eigenmaps: new tools for nonlinear dimensionality reduction [J]. Proceedings of the National Academy of Science, 2003, 290 (5500): 5591-5596

[29] He X F, Niyogi P. Locality preserving projections [C]. Advances in Neural Information Processing Systems (NIPS). Vancouver, Canada, 2003: 153-160

[30] He X, Cai D, Yan S, et al. Neighborhood preserving embedding [C]. Proceedings of the Tenth IEEE International Conference on Computer Vision. Washington D C, USA, 2005: 1208-1213

[31] Zhang W, Xue X, Lu H, et al. Discriminant neighborhood embedding for classification [J]. Pattern Recognition, 2006, 39 (1): 2240-2243

[32] He X, Cai D, Han J. Learning a maximum margin subspace for image retrieval [J]. IEEE Transactions on Knowledge and Data Engineering, 2008, 20 (2): 189-201

[33] 杨琬琪. 多视图特征选择与降维方法及其应用研究 [D]. 南京: 南京大学, 2015

[34] Quinlan J R. Introduction of decision trees [J]. Machine Learning, 1986, 1 (1): 81-106

[35] Quinlan J R. C4.5: Programs for Machine Learning [M]. Morgan Kaufmann Publishers, 1993

[36] Rastogi R, Shim K. Public: a decision tree classifier that integrates building and pruning [C]. Proceedings of the Very Large Database Conference (VLDB). New York, USA, 1998: 404-415

[37] Mehta M, Agrawal R, Rissanen J. SLIQ: a fast scalable classifier for data mining [C]. Proceedings of the International Conference on Extending Database Technology. Avognon, France, 1996: 18-32

[38] Gehrke J, Ramakrishnan R, Ganti V. Rainforest: a framework for fast decision tree construction of large datasets [J]. Data Mining and Knowledge Discovery, 2000, 4 (2-3): 127-162

[39] Liu B, Hsu W, Ma Y. Integrating Classification and Association Rule [C]. Proceedings of the 4th International Conference on Knowledge Discovery and Data Mining. New York, USA, 1998: 80-86

[40] Li W M, Han J, Jian P. CMAR: accurate and efficient classification based on multiple class association rules [C]. Proceedings of the IEEE International

Conference on Data Mining. Los Alamitos, USA, 2001: 369-376

[41] Yin X, Han J. Classification based on predictive association rules [C]. Proceedings of the SIAM International Conference on Data Mining. San Francisco, USA, 2003: 331-335

[42] Vapnik V. The nature of statistical learning theory [M]. New York: Springer-Verlag, 1995

[43] 邓乃扬, 田英杰. 支持向量机——理论、算法与拓展 [M]. 科学出版社, 2009

[44] Pal M and Foody G M. Feature selection for classification of hyper spectral data by SVM [J]. IEEE Transactions on Geoscience and Remote Sensing, 2010, 48 (5): 2297-2307

[45] Scholkopf B, Smola A, Bartlet P. New support vector algorithms [J]. Neural Computation, 2000, 12: 1207-1245

[46] Scholkopf B, Platt J, Shawe- Taylor J, et al. Estimating the support of high-dimensional distribution [J]. Neural Computation, 2001, 13: 1443-1471

[47] Tax D M J and Duin R P W. Support vector data description [J]. Machine Learning, 2004, 54: 45-66

[48] Tsang I W, Kwok J T and Cheung P M. Core vector machines: fast SVM training on very large data sets [J]. Journal of Machine Learning Research, 2005, 6: 363-392

[49] Suykens J A, Vandewalle J. Least squares support vector machines classifiers [J]. Neural Processing Letters, 1999, 19 (3): 293-300

[50] Mangasarian O, Musicant D. Lagrange support vector machines [J]. Journal of Machine Learning Research, 2001, 1: 161-177

[51] Lin K M, Lin C J. A study on reduced support vector machines [J]. IEEE Transactions on Neural Networks, 2003, 14 (4): 1449-1459

[52] Lee Y J, Mangasarian O. SSVM: A smooth support vector machines [J]. Computational Optimization and Applications, 2001, 20 (1): 5-22

[53] Kononenko I. Semi- naive Bayesian classifier [C]. Proceedings of the European Conference on Artificial Intelligence. Porto, Portugal, 1991: 206-219

[54] Langley P, Sage S. Introduction of selective Bayesian classifier [C]. Proceedings of the 10th Conference on Uncertainty in Artificial Intelligence. Seattle, USA, 1994: 339-406

[55] Kohavi R. Scaling up the accuracy of naive- Bayes classifiers: a decision- tree hybrid [C] Proceedings of the 2nd International Conference on Knowledge Discovery and Data Mining. California, USA, 1996: 202-207

[56] Zheng Z H, Webb G I. Lazy Bayesian rules [J]. Machine Learning, 2000, 32 (1):

53-84

[57] Friedman N, Geiger D, Goldszmidt M. Bayesian network classifiers [J]. Machine Learing, 1997, 29 (2): 131-163

[58] Gelbard R, Goldman O, Spiegler I. Investigating diversity of clustering methods: An empirical comparison [J]. Data & Knowledge Engineering, 2007, 63 (1): 155-166

[59] Kumar P, Krishna P R, Bapi R S, et al. Rough clustering of sequential data [J]. Data & Knowledge Engineering, 2007, 3 (2): 183-199

[60] Goldberger J, Tassa T. A hierarchical clustering algorithm based on the Hungarian method [J]. Pattern Recognition Letters, 2008, 29 (1): 1632-1638

[61] Cilibrasi R L, Vitányi P M B. A fast quartet tree heuristic for hierarchical clustering [J]. Pattern Recognition, 2011, 44 (3): 662-677

[62] Huang Z. Extensions to the k-means algorithm for clustering large data sets with categorical values [J]. Data Mining and Knowledge, Discovery II, 1998, (2): 283-304

[63] Huang Z, Ng M A. Fuzzy k-modes algorithm for clustering categorical data [J]. IEEE Transactions on Fuzzy Systems, 1999, 7 (4): 446-452

[64] Chaturvedi A D, Green P E, Carroll J D. K-modes clustering [J]. Journal of Classification, 2001, 18 (1): 35-56

[65] Goodman L A. Exploratory latent structure analysis using both identifiable and unidentifiable models [J]. Biometrika, 1974, 61 (2): 215-231

[66] Ding C, He X. K-Nearest-Neighbor in data clustering: Incorporating local information into global optimization [C]. Proceedings of the ACM Symposium on Applied Computing. Nicosia, Cyprus, 2004: 584-589

[67] Zhao Y C, Song J. GDILC: A grid-based density isoline clustering algorithm [C]. Proceedings of the Internet Conference on Info-Net. Beijing, China, 2001: 140-145

[68] Ma W M, Chow E, Tommy W S. A new shifting grid clustering algorithm [J]. Pattern Recognition, 2004, 37 (3): 503-514

[69] Pilevar A H, Sukumar M. GCHL: A grid-clustering algorithm for high-dimensional very large spatial data bases [J]. Pattern Recognition Letters, 2005, 26 (7): 999-1010

[70] Nanni M, Pedreschi D. Time-Focused clustering of trajectories of moving objects [J]. Journal of Intelligent Information Systems, 2006, 27 (3): 267-289

[71] Tsai C F, Tsai C W, Wu H C, et al. ACODF: A novel data clustering approach for data mining in large databases [J]. Journal of Systems and Software, 2004, 73 (1): 133-145

［72］ 陈萌. 国内网络信息资源保存研究进展 ［J］. 图书情报工作, 2014, 58 （11）: 137-142

［73］ 武磊. 国内外网络信息资源保存问题探究 ［J］. 云南档案, 2011, 12: 41-43

［74］ 钟莹, 麦淑平, 黎细玲. 基于网络的信息资源组织与评价现状及发展趋势研究 ［J］. 图书馆学研究, 2013, 3: 67-71

［75］ 何云钢. 基于 Web 信息提取的企业竞争情报获取研究 ［D］. 曲阜: 曲阜师范大学, 2015

［76］ 庞景安. 网络信息资源的计量与评价 ［M］. 北京: 科学技术文献出版社, 2007

［77］ Belhumeur P N, Hespanha J P, Kriegman D J. Eiegnfaces vs. fisherfaces: recognition using class specific linear projection ［J］. IEEE Transactions on Pattern Analysis and Machine Intelligence, 1997, 19 （7）: 711-720

［78］ Swets D, Weng J. Using discriminant eigenfeatures for image retrieval ［J］. IEEE Transactions on Pattern Analysis and Machine Intelligence, 1996, 18 （8）: 831-836

［79］ Hong Z Q, Yang J Y. Optimal discriminant plane for a small number of samples and design method of classifier on the plane ［J］. Pattern Recognition, 1991, 24 （4）: 317-324

［80］ Chen L F, Liao H Y M, Ko M T, et al. A new LDA-based face recognition system which can solve the small sample size problem ［J］. Pattern Recognition, 2000, 32: 317-324

［81］ Yu H, Yang J. A direct LDA algorithm for high-dimensional data with application to face recognition ［J］. Pattern Recognition, 2001, 34 （11）: 2067-2070

［82］ 刘忠宝, 王士同. 多阶矩阵组合 LDA 及其在人脸识别中的应用. 计算机工程与应用, 2011, 47 （12）: 152-155

［83］ 刘忠宝, 王士同. 改进的线性判别分析算法 ［J］. 计算机应用, 2011, 31 （1）: 250-253

［84］ 刘忠宝, 王士同. 一种改进的线性判别分析算法在人脸识别中的应用. 计算机工程与科学, 2011, 33 （7）: 89-93

［85］ 刘忠宝, 潘广贞, 赵文娟. 流形判别分析. 电子与信息学报, 2013, 35 （9）: 2047-2053

［86］ Bernstein D S and So W. Some explicit formulas for the matrix exponential ［J］. IEEE Transactions on Automatic Control, 1993, 38 （8）: 1228-1232

［87］ 刘忠宝, 王士同. 基于光束角思想的最大间隔学习机. 控制与决策, 2012, 27 （12）: 1870-1875

［88］ 刘忠宝, 王士同. 基于边界的最大间隔模糊分类器. 光学精密工程, 2012, 20 （1）: 140-147

[89] 刘忠宝，赵文娟，师智斌. 基于分类超平面的非线性集成学习机. 计算机应用研究，2013, 30 (5): 1361-1364

[90] 张静，刘忠宝. 基于流形判别分析的全局保序学习机. 电子科技大学学报（自然科学版），2015, 44 (6): 911-916

[91] 刘忠宝，裴松年. 具有 N-S 磁极效应的最大间隔模糊分类器. 电子科技大学学报（自然科学版），2016, 45 (2): 227-232, 239

[92] 刘忠宝，王士同. 基于熵理论和核密度估计的最大间隔学习机. 电子与信息学报，2011, 33 (9): 2187-2191

[93] Liu Z B, Song L P, Zhao W J. Classification of large-scale stellar spectra based on the non-linearly assembling learning machine [J]. Monthly Notices of the Royal Astronomical Society, 2016, 455 (4): 4289-4294

[94] Liu Z B, Song L P. Stellar spectral subclasses classification based on fisher criterion and manifold learning [J]. Publications of the Astronomical Society of the Pacific, 2015, 127 (954): 789-794

[95] Liu Z B. Stellar Spectral Classification with Minimum within-class and Maximum between-class scatter Support Vector Machine [J]. Journal of Astrophysics and Astronomy, 2016, 37 (2): 1-6

[96] Liu Z B. Stellar spectral classification with locality preserving projections and support vector machine [J]. Journal of Astrophysics and Astronomy, 2016, 37 (2): 1-7

[97] Liu Z B, Ren J J, Kong Xiao. Distinguishing the rare spectra with the unbalanced classification method based on mutual information [J]. Spectroscopy and Spectral Analysis, 2016, 36 (11): 3746-3751

[98] 刘忠宝，赵文娟. 基于模糊大间隔最小球分类模型的恒星光谱离群数据挖掘方法 [J]. 光谱学与光谱分析，2016, 36 (4): 1245-1248

[99] 刘忠宝，高艳云，王建珍. 基于流形模糊双支持向量机的光谱分类方法 [J]. 光谱学与光谱分析，2015, 35 (1): 263-266

[100] 刘忠宝，王召巴，赵文娟. 基于流形判别分析和支持向量机的恒星光谱数据自动分类方法 [J]. 光谱学与光谱分析，2014, 34 (1): 263-266

[101] VAPNIK V. The nature of statistical learning theory [M]. New York: Springer-Verlag, 1995

[102] Marcin O. New separating hyperplane method with application to the optimization of direct marketing campaigns [J]. Pattern Recognition Letters, 2011, 32: 540-545

[103] Tax D M J, Duin R P W. Support vector data description [J]. Machine Learning, 2004, 54: 45-66

[104] Tsang I W, Kwok J T and Cheung P M. Core vector machines: fast SVM training on

very large data sets [J]. Journal of Machine Learning Research, 2005, 6: 363-392

[105] Scholkopf B, Platt J, Shawe-Taylor J, et a1. Estimating the support of high-dimensional distribution [J]. Neural Computation, 2001, 13: 1443-1471

[106] Cha M, Kim J S, Kim J G. Density weighted support vector data description [J]. Expert Systems with Applications, 2014, 41 (7): 3343-3350

[107] 郑黎明, 邹鹏, 贾焰, 等. 网络流量异常检测中分类器的提取与训练方法研究 [J]. 计算机学报, 2012, 35 (4): 719-729

[108] Wei X K, Huang G B, Li Y H. Mahalanobis ellipsoidal learning machine for one class classification [C]. Proceedings of the 6th International Conference on Machine learning and cybernetics. California, USA, 2007: 3528-3533

[109] Dolia A, Harris C, Shawe-Taylor J. Kernel ellipsoidal trimming [J]. Computational statistics and data analysis, 2007, 52 (1): 309-324

[110] Juszczak P. Learning to recognize: A study on one-class classification and active learning [D]. Delft: Delft University of Technology, 2006

[111] Fang W J, Huang Y Q, Duan X F, et al. Non-periodic high-index contrast gratings reflector with large-angle beam forming ability [J]. Optics Communications, 2016, 367: 6-11

[112] Ibarra L, Rojas M, Ponce P, et al. Type-2 Fuzzy membership function design method through a piecewise-linear approach [J]. Expert Systems with Applications, 2015, 42 (21): 7530-7540

[113] 王宇凡. 未确知信息分析的模糊支持向量机优化研究 [D]. 西安: 西北工业大学, 2014

[114] Yu H, Jiang X Q, Vaidya J. Privacy-preserving SVM using nonlinear kernels on horizontally partitioned data [C]. Proceedings of the 2006 ACM Symposium on Applied Computing. New York, USA, 2006: 603-610

[115] Lee Y J, Mangasarian O L. RSVM: reduced support vector machines [C]. Proceedings of the 1st SIAM International Conference on Data Mining, Chicago. USA, 2001: 57-64

[116] Lin K M, Lin C J. A study on reduced support vector machines [J]. IEEE Transactions on Neural Network, 2003, 45 (2): 199-204

[117] Mangasarian O L, Wild E W. Privacy-preserving classification of horizontally partitioned data via random kernels [C]. Proceedings of 2008 International Conference on Data Mining. Las Vegas, USA, 2008: 473-479

[118] Yu H, Vaidya J, Jiang X Q. Privacy-preserving SVM classification on vertically partitioned data [C]. Proceedings of the Knowledge Discovery and Data

Mining. Singapore, 2006: 647-656

[119] Mangasarian O L, Wild E W, Fung G M. Privacy- preserving classification of vertically partitioned data via random kernels [J]. ACM Transactions on Knowledge Discovery from Data, 2008, 3 (2): 1-16

[120] Tsang I W, Kocsor A, Kwok J T. Large-scale maximum margin discriminant analysis using core vector machines [J]. IEEE Transactions on Neural Networks, 2008, 19 (4): 610-624

[121] Deng Z H, Chung F L, Wang S T. FRSDE: fast reduced set density estimator using minimal enclosing ball approximation [J]. Pattern Recognition, 2008, 41 (4): 1363-1372

[122] Huang G B, Zhu Q Y, Siew C K. Extreme learning machine: Theory and applications [J]. Neurocomputing, 2006, 70 (1-3): 489-501

[123] Wu M R, Ye J P. A small sphere and large margin approach for novelty detection using training data with outliners [J]. IEEE Transactions on Pattern Analysis and Machine Intelligence, 2009, 31 (11): 2088-2092.

[124] Hao P Y. A new fuzzy maximal- margin spherical- structured multi- class support vector machine [C]. Proceedings of the 2013 International Conference on Machine Learning and Cybernetics. Tianjin, China, 2013: 241-246

[125] Shivaswamy P K, Jebara T. Maximum relative margin and data- dependent regularization [J]. Journal of Machine Learning Research, 2010 (11): 747-788

[126] 刘忠宝, 赵文娟. 基于熵理论的单类学习机 [J]. 计算机应用与软件, 2013, 30 (11): 99-101

[127] 熊菲. 互联网用户行为分析及信息演化模式研究 [D]. 北京: 北京交通大学, 2013

[128] 姚海燕, 邓小昭. 网络用户信息行为研究概述 [J]. 情报探索, 2012, 2: 14-16

[129] 邓胜利. 网络用户信息交互行为研究模型 [J]. 情报理论与实践, 2015, 38 (12): 53-56, 87

[130] 李春英, 汤庸, 贺超波, 等. 在线社交网络用户分析研究综述 [J]. 华南师范大学学报 (自然科学版), 2016, 48 (5): 107-115

[131] 肖云鹏. 在线社会网络用户行为模型与应用算法研究 [D]. 北京: 北京邮电大学, 2013

[132] 彭晓东, 邹霓, 魏群义. 国内移动图书馆用户行为研究综述 [J]. 图书馆学研究, 2016, 8: 2-6

[133] 刘灿. 我国网络用户信息查询行为研究综述 [J]. 情报探索, 2012, 3:

18-21

[134] 陈勇, 李红莲, 吕学强. 网络用户搜索行为特征分析 [J]. 现代图书情报技术, 2014, 12: 10-17

[135] Beckett A. Governing the consumer: technologies of consumption [J]. Consumption Markets & Culture, 2012, 15 (1): 1-18

[136] Celsi M W, Money A H, Samouel P, et al. Essentials of business research methods [M]. ME Sharpe, 2011

[137] Mazaheri E, Richard M O, Laroche M. Online consumer behavior: Comparing Canadian and Chinese website visitors [J]. Journal of Business Research, 2011, 64 (9): 958-965

[138] Darley W K, Blankson C, Luethge D J. Toward an integrated framework for online consumer behavior and decision making process: A review [J]. Psychology & marketing, 2010, 27 (2): 94-116

[139] Punj G. Consumer Decisionmaking on the Web: a theoretical analysis and research guidelines [J]. Psychology & Marketing, 2012, 29 (10): 791-803

[140] 史楠, 王刊良. 好友推介激励机制中在线消费者依附模式研究 [J]. 管理科学学报, 2015, 18 (5): 9-19

[141] 邱云飞, 王雪, 邵良杉. 基于中文网络客户评论的消费者行为分析方法 [J]. 现代情报, 2012, 32 (1): 8-15

[142] 蒋一平, 卢振波, 陈洁. 亚马逊网上书店用户协同信息行为及其对图书馆的启示 [J]. 图书资料工作, 2014, 5: 84-88

[143] 陈毅文, 马继伟. 电子商务中消费者购买决策及其影响因素 [J]. 心理科学进展, 2012, 20 (1): 27-34

[144] Sun J, Tao D, Faloutsos C. Beyond streams and graphs: dynamic tensor analysis [C]. Proceedings of the 12th ACM SIGKDD International Conference on Knowledge Discovery and Data Mining. Philadelphia, USA, 2006: 374-383

[145] Lin Y R, Chi Y, Zhu S, et al. Facetnet: a framework for analyzing communities and their evolutions in dynamic networks [C]. Proceedings of the 17th International Conference on World Wide Web. Beijing, China, 2008: 685-694

[146] Koren Y. Collaborative filtering with temporal dynamics [J]. Communications of the ACM, 2010, 53 (4): 89-97

[147] Kumar R, Novak J, Tomkins A. Structure and evolution of online social networks, link mining: models, algorithms, and applications [J]. Springer, 2010: 337-357

[148] Lathia N, Hailes S, Capra L, et al. Temporal diversity in recommender systems [C]. Proceedings of the 33rd International ACM SIGIR Conference on Research and

Development in Information Retrueval. Geneva, Switzerland, 2010: 210-217

[149] Xiang L, Yuan Q, Zhao S, *et al*. Temporal recommendation on graphs via long-and short-term preference fusion [C]. Proceedings of the 16th ACM SIGKDD International Conference on Knowledge Discovery and Data Mining. Washington D C, USA, 2010: 723-732

[150] Dunlavy D M, Kolda T G, Acar E. Temporal link prediction using matrix and tensor factorizations [J]. ACM Transactions on Knowledge Discovery from Data, 2011, 5 (2): 190-205

[151] Yang J, Leskovec J. Patterns of temporal variation in online media [C]. Proceedings of the fourth ACM International Conference on Web Search and Data Mining. Hong Kong, China, 2011: 177-186

[152] Radinsky K, Svore K, Dumais S, et al. Modeling and predicting behavioral dynamics on the web [C]. Proceedings of the 21st International Conference on World Wide Web. Lyon, France, 2012: 599-608

[153] Yu K, Ding W, Wang H, et al. Bridging causal relevance and pattern discriminability: Mining emerging patterns from high-dimensional data [J]. IEEE Transactions on Knowledge and Data Engineering, 2013, 25 (12): 2721-2739

[154] Chen W, Hsu W, Lee M L. Modeling user's receptiveness over time for recommendation [C]. Proceedings of the 36th international ACM SIGIR Conference on Research and Development in Information Retrieval. New York, USA, 2013: 373-382

[155] Radinsky K, Bennett P N. Predicting content change on the Web [C]. Proceedings of the sixth ACM International Conference on Web Search and Data Mining. Hong Kong, China, 2013: 415-24

[156] Sun Y, Tang J, Han J, et al. Co-evolution of multi-typed objects in dynamic star networks [J]. IEEE Transactions on Knowledge & Data Engineering, 2014, 26 (12): 2942-2955

[157] Wang X, Zhai C, Roth D. Understanding evolution of research themes: a probabilistic generative model for citations [C]. Proceedings of the 19th ACM SIGKDD International Conference on Knowledge Discovery and Data Mining. Chicago, USA, 2013: 1115-1123

[158] Yuan Q, Cong G, Ma Z, et al. Who, where, when and what: discover spatio-temporal topics for twitter users [C]. Proceedings of the 19th ACM SIGKDD International Conference on Knowledge Discovery and Data Mining. Chicago, USA, 2013: 605-613

[159] Yuan Q, Cong G, Ma Z, et al. Time-aware point-of-interest recommendation [C]. Proceedings of the 36th International ACM SIGIR Conference on Research and Development in Information Retrieval. Dublin, Ireland, 2013: 363-372

[160] Zheng X, Ding H, Mamitsuka H, et al. Collaborative matrix factorization with multiple similarities for predicting drug-target interactions [C]. Proceedings of the 19th ACM SIGKDD International Conference on Knowledge Discovery and Data Mining. Chicago, USA, 2013: 1025-1033

[161] Zhong E, Fan W, Zhu Y, et al. Modeling the dynamics of composite social networks [C]. Proceedings of the 19th ACM SIGKDD International Conference on Knowledge Discovery and Data Mining. Chicago, USA, 2013: 937-945

[162] Singh A P, Gordon G J. Relational learning via collective matrix factorization [C]. Proceedings of the 14th ACM SIGKDD International Conference on Knowledge Discovery and Data Mining. New York, USA, 2008: 650-658

[163] Cai J F, Candès E J, Shen Z. A singular value thresholding algorithm for matrix completion [J]. SIAM Journal on Optimization, 2010, 20 (4): 1956-1982

[164] Sun J T, Zeng H J, Liu H, et al. Cubesvd: a novel approach to personalized web search [C]. Proceedings of the 14th International Conference on World Wide Web. Chiba, Japan, 2005: 382-390

[165] Cichocki A, Zdunek R. Regularized alternating least squares algorithms for non-negative matrix/tensor factorization [J]. Advances in Neural Networks, 2007: 793-802

[166] Bader B W, Harshman R A, Kolda T G. Temporal analysis of semantic graphs usingasalsan [C]. Proceedings of the Seventh IEEE International Conference on Data Mining. Omaha, USA, 2007: 33-42

[167] Huang H, Ding C, Luo D, et al. Simultaneous tensor subspace selection and clustering: the equivalence of high order SVD and k-means clustering [C]. Proceedings of the 14th ACM SIGKDD International Conference on Knowledge Discovery and Data mining. Las Vegas, USA, 2008: 327-335

[168] Kolda T G, Sun J. Scalable tensor decompositions for multi-aspect data mining [C]. Proceedings of the Eighth IEEE International Conference on Data Mining. Pisa, Italy, 2008: 363-372

[169] Sun J, Tao D, Papadimitriou S, et al. Incremental tensor analysis: Theory and applications [J]. ACM Transactions on Knowledge Discovery from Data, 2008, 2 (3): 651-678

[170] Symeonidis P, Nanopoulos A, Manolopoulos Y. Tag recommendations based on

tensor dimensionality reduction ［C］. Proceedings of the 2008 ACM conference on Recommender systems. New York, USA, 2008: 43-50

［171］ Kolda T G, Bader B W. Tensor decompositions and applications ［J］. SIAM review, 2009, 51 (3): 455-500

［172］ Grasedyck L. Hierarchical singular value decomposition of tensors ［J］. SIAM Journal on Matrix Analysis and Applications, 2010, 31 (4): 2029-2054

［173］ Rendle S, Schmidt- Thieme L. Pairwise interaction tensor factorization for personalized tag recommendation ［C］. Proceedings of the third ACM International Conference on Web Search and Data Mining. New York, USA, 2010: 81-90

［174］ Acar E, Dunlavy D M, Kolda T G, et al. Scalable tensor factorizations for incomplete data ［J］. Chemometrics and Intelligent Laboratory Systems, 2011, 106 (1): 41-56

［175］ Maruhashi K, Guo F, Faloutsos C. Multiaspectforensics: Pattern mining on large-scale heterogeneous networks with tensor analysis ［C］. Proceedings of the 2012 IEEE/ACM International Conference on Advances in Social Networks Analysis and Mining. Taiwan, China, 2012: 203-210

［176］ Baskaran M, Meister B, Vasilache N, et al. Efficient and scalable computations with sparse tensors ［C］. Proceedings of the Conference on High Performance Extreme Computing. Massachusetts, USA, 2012: 1-6

［177］ Wang M, Li H, Tao D, et al. Multimodal graph- based re- ranking for web image search ［J］. IEEE Transactions on Image Processing, 2012, 21 (11): 4649-4661

［178］ Wang M, Yang K, Hua X S, et al. Towards a relevant and diverse search of social images ［J］. IEEE Transactions on Multimedia, 2010, 12 (8): 829-842

［179］ Ou M, Cui P, Wang F, et al. Comparing apples to oranges: a scalable solution with heterogeneous hashing. Proceedings of the 19th ACM SIGKDD International Conference on Knowledge Discovery and Data Mining. Chicago, USA, 2013: 230-238

［180］ FLazer D, Pentland A S, Adamic L, et al. Life in the network: The coming age of computational social science ［J］. Science, 2009, 323 (5915): 721

［181］ Zafarani R, Liu H. Connecting users across social media sites: A behavioral-modeling approach ［C］. Proceedings of the 19th ACM SIGKDD International Conference on Knowledge Discovery and Data Mining. New York, USA, 2013: 41-49

［182］ Hu X, Tang J, Gao H , et al. Unsupervised sentiment analysis with emotional signals ［C］. Proceedings of the International World Wide Web Conference. New

York, USA, 2013: 607-618

[183] Gao H, Tang J, Hu X, et al. Modeling temporal effects of human mobile behavior on location- based social networks [C]. Proceedings of the ACM International Conference on Information and Knowledge Management. New York, USA, 2013: 1673-1678

[184] Yan R, Lapata M, Li X. Tweet recommendation with graph co- ranking [C]. Proceedings of the Association for Computational Linguistics. Jeju Island, Korea, 2012: 516-525

[185] Pan X, Xu J, Meng X. Protecting location privacy against location-dependent attack in mobile services [J]. IEEE Transactions on Knowledge and Data Engineering, 2012, 24 (8): 1506-1519

[186] 刘挺, 徐志明. 从语言计算到社会计算 [J]. 中国计算机学会通讯, 2011, 12 (7): 31-39

[187] Jiang M, Cui P, Liu R, et al. Social contextual recommendation [C]. Proceedings of the 21th ACM International Conference on Information and Knowledge Management. Maui Hawaii, USA, 2012: 45-54

[188] Du P, Guo J, Cheng X. Decayed divrank: Capturing relevance, diversity and prestige in information networks [C]. Proceeding of the International ACM SIGIR Conference on Research and Development in Information Retrieval. New York, USA, 2011: 1239-1240

[189] Lindtner S, Hertz G, Dourish P. Emerging sites of HCI innovation: Hackerspaces, hardware startups and incubators [C]. Proceedings of the SIGCHI Conference on Human Factors in Computing Systems. Toronto, Canada, 2014: 349-448

[190] Semaan B, Mark G. 'Facebooking' towards crisis recovery and beyond: Disruption as an opportunity [C]. Proceedings of the 2012 ACM conference on Computer Supported Cooperative Work. Washington D C, USA, 2012: 27-36

[191] Yang J, Ackerman M S, Adamic L A. Virtual gifts and guanxi: Supporting social exchange in a Chinese online community [C]. Proceedings of the 2011 ACM conference on Computer supported cooperative work. Hangzhou, China, 2011: 45-54

[192] Kraut R E, Resnick P, Kiesler S, et al. Building successful online communities: Evidence-based social design [M]. MIT Press, 2012

[193] Bateman S S, Gutwin C A, McCalla G I. Social navigation for loosely- coupled information seeking intightly- knit groups using webwear [C]. Proceedings of the 2013 ACM conference on Computer- supported cooperative work. Texas, USA, 2013: 955-966

[194] 王攀, 张顺颐, 陈雪娇. 基于动态行为轮廓库的 Wcb 用户行为分析关键技术 [J]. 计算机技术与发展, 2009, 12 (2): 20-23

[195] 周庆玲. 移动用户上网行为分析系统关键技术研究 [D]. 北京: 北京交通大学. 2014

[196] 马安华. 基于用户行为分析的精确营销系统设计与实现 [D]. 南京: 南京邮电大学. 2013

[197] 肖觅, 孟祥武, 史艳翠. 一种基于移动用户行为的回路融合社区发现算法 [J]. 电子与信息学报, 2012, 34 (10): 2369-2374

[198] 史艳翠, 孟祥武, 张玉洁, 等. 一种上下文移动用户偏好自适应学习方法 [J]. 软件学报, 2012, 23 (10): 2533-2549

[199] 龚胜芳. 基于移动用户行为的动态杜区发现算法研究与实现 [D]. 北京: 北京邮电大学. 2014

[200] 肖觅. 基于移动用户行为的移动社区发现方法研究与实现 [D]. 北京: 北京邮电大学. 2012

[201] 李学英. 面向移动环境的高效情景数据挖巧及节能感知方法研究 [D]. 安徽: 国科学技术大学. 2011

[202] 余孟杰. 产品研发中用户画像的数据建模 [J]. 设计艺术研究, 2014, 4 (6): 60-64

[203] 范琳, 王忠民. 穿戴位置无关的手机用户行为识别模型 [J]. 计算机应用研究, 2015, 32 (1): 63-66

[204] 孙静. 数据挖掘中基于最小遗憾度的偏好感知算法 [J]. 计算机应用与软件, 2015, 32 (5): 59-64

[205] 欧阳柳波, 谭容哲. 一种基于本体和用户日志的查询扩展方法 [J]. 计算机工程与应用, 2015, 51 (1): 151-155

[206] 刘树栋, 孟祥武. 一种基于移动用户位置的网络服务推荐方法 [J]. 软件学报, 2014, 25 (11): 2556-2574

[207] 陈冬玲. 基于潜在语义的个性化搜索关键技术研究 [D]. 沈阳: 东北大学. 2009

[208] 岑荣伟. 基于用户行为分析的搜索引擎评价研究 [D]. 北京: 清华大学. 2010

[209] 黄聪. 基于客户行为分析与企业销售预测的客户管理决策模型与算法研究 [D]. 上海: 上海交通大学. 2010

[210] 孟祥武, 王凡, 史艳翠, 等. 移动用户需求获取技术及其应用 [J]. 软件学报, 2014, 25 (3): 439-456

[211] Song J Q, Tang E Y, Liu L B. User behavior pattern analysis and prediction base on

mobile phone sensors [C]. Proceedings of the International Federation for Information Processing. Zhengzhou, China, 2010: 177-189

[212] Marques N H T, Almeida J M, Rocha L C D, et al. A characterization of broadband user behavior and their e-business activities [J]. ACM Sigmetrics Performance Evaluation Review, 2008, 32 (3): 3-13

[213] Cambini C, Jiang Y. Broadband investment and regulation: A literature review [J]. Telecommunications Policy, 2009, 33 (10): 559-574

[214] Kihl M, Odling P, Lagerstedt C, et al. Traffic analysis and characterization of Internet user behavior [C]. Proceedings of the 2010 International Congress on Ultra Modern Telecommunications and Control Systems and Workshops. Moscow, Russia, 2012: 224-231

[215] Cheng X, Dale C, Liu J. Statistics and social network of youtube videos [C]. Proceedings of the 16th International Workshop on Quality of Service. Enschede, Netherlands, 2008: 229-238

[216] Goecks J, Shavlik J. Learning users' interests by unobtrusively observing their normal behavior [C]. Proceedings of the 5th International Conference on Intelligent User Interfaces. Louisiana, USA, 2000: 129-132

[217] Liu Z B, Zhang J, Nonlinearly assembling method and its application in large-scale text classification [C]. Proceedings of the 2016 IEEE Advanced Information, Management, Communicates, Electronic and Automation Control Conference. Xi'an, China, 2016: 1466-1468

[218] Liu Z B, Zhang J. Fuzzy support vector machine based on manifold discriminant analysis and its application on web text classification [J]. Geomatics and Information Science of Wuhan University, 2016, 41 (spec): 141-145

[219] Liu Z B, Zhang J, Song W A. From Parzen Window Estimation to Feature Extraction: A New Perspective [J]. Lecture Notes in Computer Science, 2016, 9937: 18-27

[220] 刘忠宝, 赵文娟, 贾君枝. 多标记用户分类系统构建方法研究 [J]. 图书情报工作, 2014, 58 (10): 145-148

[221] 常娥, 张长秀, 侯俊清, 等. 基于向量空间模型的古汉语词义自动消歧研究 [J]. 图书情报工作, 2013, 47 (2): 114-118

[222] 仲其智, 姚建民. 低频词的中文词性标注研究 [J]. 计算机应用与软件, 2011, 28 (3): 182-185

[223] 刘忠宝, 赵文娟. 面向大规模信息的用户分类方法研究 [J]. 微电子学与计算机, 2013, 30 (6): 38-42

[224] Bucklew J. Introduction to rare event simulation [M]. New York: Springer Press, 2004

[225] Zhang J, Mani I. KNN approach to unbalanced data distribution: a case study involving information extraction [C]. Proceeding of ICML' 2003 Workshop on Learning from Imbalanced Data Sets. Washington DC, USA, 2003: 179-186

[226] Chen X W, Gerlach B, Casasen T D. Pruning support vectors for imbalanced data classification [C]. Proceedings of the 18th International Joint Conference on Neural Networks. Montreal, Canada, 2005: 1883-1887

[227] Liu X Y, Wu J X, Zhou Z H. Exploratory under- sampling for class- imbalance learning [J]. IEEE Transactions on System, Man and Cybernetics, 2009, 39 (2): 539-550

[228] Chawla N V, Bowyer K W, Hall L O, et al. SMOTE: synthetic minority over-sampling technique [J]. Journal of Artificial Intelligence Research, 2002, 16 (1): 321-357

[229] He H B, Bai Y, Garcia E A, et al. ADASYN: adaptive synthetic sampling approach for imbalanced learning [C]. Proceedings of the IEEE International Joint Conference on Neural Networks. Hong Kong, China, 2008: 1322-1328

[230] Chawla N V, Lazarevic A, Hall L O, et al. SMOTEBoost: improving prediction of the minority class in boosting [C]. Proceedings of the Seventh European Conference Principles and Practice of Knowledge Discovery in Databases. Cavtat- Dubrovnik, Croatia, 2003: 107-119

[231] 刘忠宝, 赵文娟. 基于互信息的不平衡 Web 文本分类方法研究 [J]. 情报科学, 2015, 33 (10): 23-26

[232] Gleick J. Information overload [J]. New Scientist, 2011, 210 (2806): 30-31

[233] 刘颖. 基于网络结构调整的相关用户推荐研究 [J]. 情报杂志, 2014, 33 (4): 156-162

[234] Crespo R G, Martinez O S, Lovelle J M C, et al. Recommendation system based on user interaction data applied to intelligent electronic books [J]. Computer in Human Behavior, 2011, 27 (4): 1445-1449

[235] 张玉霞. 改进的个性化智能文献推送方法在数字图书馆中的应用研究 [J]. 情报理论与实践, 2012, 35 (7): 92-95

[236] Cui C, Hu M Q, Weir J D, et al. A recommendation system for meta- modeling: A meta-learning based approach [J]. Expert Systems with Applications, 2016, 46: 33-44

[237] 许海玲. 互联网荐系统比较研究 [J]. 软件学报, 2009, 20 (2): 350-362

[238] 刘扬. 基于质量的学术文献混合推荐模型研究 [J]. 情报理论与实践, 2015, 38 (2): 17-22

[239] 钟克吟. 基于混合推荐的学术资源推荐系统的服务模型与数据挖掘 [J]. 图书馆学研究, 2013, 11: 58-61

[240] Goldberg D, Nichols D, Oki B M, et al. Using collaborative filtering to weave an information tapestry [J]. Communications of the ACM, 1992, 35 (12): 61-70

[241] Rich E. User modeling via stereotypes [J]. Cognitive Science, 1979, 3 (4): 329-354

[242] Konstan J A, Miller B N, Maltz D, et al. Group Lens: applying collaborative filtering to usenet news [J]. Communications of the ACM, 1997, 40 (3): 77-87

[243] Shardanand U, Maes P. Social information filtering: algorithms for automating'Word of Mouth' [C]. Proceedings of the Conference on Human Factors in Computing Systems Denver. Colorado, USA, 1995: 210-217

[244] Breese J S, Heckerman D, Kadie C. Empiricalanalysis of predictive algorithms for collaborative filtering [C]. Proceedings of the14th Conference on Uncertainty in Artificial Intelligence. Washington D C, USA, 1998: 43-52

[245] Getoor L, Sahami M. Usingprobabilistic relational models for collaborative filtering [C]. Proceedings of the Workshop on Web Usage Analysis and User Profiling. San Diego, USA, 1999. http: //www. cindoc. csic. es/cybermetrics/pdf/201. pdf

[246] Sarwar B, Karypis G, Konstan J, et al. Item- based collaborative filtering recommendation algorithms [C]. Proceedings of the 10th International Conference on World Wide Web. Hong Kong, China, 2001: 285-295

[247] Pavlov D Y, Pennock D M. Amaximum entropy approach to collaborative filtering in dynamic, sparse, high- dimensional domains [J]. Advances in Neural Information Processing Systems, 2002: 1441-1448

[248] Shani G, Brafman R I, Heckerman D. An MDP- basedrecommender system [J]. The Journal of Machine Learning Research, 2005, 6: 1265-1295

[249] Xue G R, Lin C, Yang Q, et al. Scalable collaborative filtering using cluster- based smoothing [C]. Proceedings of the 28th Annual International ACM SIGIR Conference. on Research and Development in Information Retrieval. Salvador, Brazil, 2005: 114-121

[250] Das A S, Datar M, Garg A, et al. Google news personalization: scalable online collaborative filtering [C]. Proceedings of the 16th International Conference on World Wide Web. Alberta, Canada, 2007: 271-280

[251] Hannon J, Bennett M, Smyth B. Recommending twitter users to follow using content

and collaborative filtering approaches [C]. Proceedings of the 4th ACM Conference on Recommender Systems. Barcelona, Spain, 2010: 199-206

[252] Tsai C F, Hung C. Clusterensembles in collaborative filtering recommendation [J]. Applied Soft Computing, 2012, 12 (4): 1417-1425

[253] 赵琴琴, 鲁凯, 王斌. SPCF: 一种基于内存的传播式协同过滤推荐算法 [J]. 计算机学报, 2013, 36 (3): 671-676

[254] 贾冬艳, 张付志. 基于双重邻居选取策略的协同过滤推荐算法 [J]. 计算机研究与发展, 2013, 50 (5): 1076-1084

[255] 杨兴耀, 于炯, 吐尔根, 等. 融合奇异性和扩散过程的协同过滤模型 [J]. 软件学报, 2013, 24 (8): 1868-1884

[256] Linden G, Smith B, York J. Amazon. com recommendations: Item- to- item collaborative filtering [J]. IEEE Internet Computing, 2003, 7 (1): 76-80

[257] Goldberg K, Roeder T, Gupta D, et al. Eigentaste: a constanttime collaborative filtering algorithm [J]. Information Retrieval Journal, 2001, 4 (2): 133-151

[258] Terveen L, Hill W, Amento B, et al. PHOAKS: a system forsharing recommendations [J]. Communications of the ACM, 1997, 40 (3): 59-62

[259] Malone T W, Grant K R, Turbak F A. The information lens: an intelligent system for information sharing in organizations [C]. Proceedings of the SIGCHI Conference on Human Factors in Computing Systems. Massachusetts, USA, 1986: 1-8

[260] Balabanovic M, Shoham Y. Learninginformation retrieval agents: experiments with automated Web browsing [C]. Proceedings of the AAAI Spring Symposium on Information Gathering. California, USA, 1995: 13-18

[261] Pazzani M, Muramatsu J, Billsus D. Syskill & Webert: Identifying interesting web sites [C]. Proceedings of the 13th National Conference on Artificial Intelligence. Oregon, USA, 1996: 54-61

[262] Joachims T, Freitag D, Mitchell T. WebWatcher: a tour guide for the World Wide Web [C]. Proceedings of the 15th International Joint Conference on Artificial Intelligence. Nagoya, Japan, 1997: 770-775

[263] Zhang Y, Callan J, Minka T. Novelty and redundancy detection in adaptive filtering [C]. Proceedings of the 25th Annual International ACM SIGIR Conference on Research and Development in Information Retrieval. Tampere, Finland, 2002: 81-88

[264] Degemmis M, Lops P, Semeraro G. Acontent- collaborative recommender that exploits WordNet-based user profiles for neighborhood formation [J]. User Modeling and User-Adapted Interaction, 2007, 17 (3): 217-255

[265] 田超, 覃左言, 朱青, 等. SuperRank: 基于评论分析的智能推荐系统 [J].

计算机研究与发展. 2010, 47 (1): 494-498

[266] Chang Y I, Shen J H, Chen T I. Adata mining-based method for the incremental update of supporting personalized information filtering [J]. Journal of Information Science and Engineering, 2008, 24 (1): 129-142

[267] Girardi R, Marinho L B. A domain model of Web recommender systems based on usage mining and collaborative filtering [J]. Requirements Engineering, 2007, 12 (1): 23-40

[268] Yoshii K, Goto M, Komatani K, et al. An efficient hybrid music recommender system using an incrementally trainable probabilistic generative model [J]. IEEE Transactions on Audio, Speech, and Language Processing, 2008, 16 (2): 435-447

[269] Velasquez J D, Palade V. Building a knowledge basefor implementing a Web-based computerized recommendation system [J]. International Journal on Artificial Intelligence Tools, 2007, 16 (5): 793-828

[270] Aciar S, Zhang D, Simoff S, et al. Informed recommender: Basing recommendations on consumer product reviews [J]. IEEE Intelligent Systems, 2007, 22 (3): 39-47

[271] Wang H C, Chang Y L. PKR: A personalized knowledge recommendation system for virtual research communities [J]. Journal of Computer Information Systems, 2007, 48 (1): 31-41

[272] Agrawal R, Imieliński T, Swami A. Mining association rules between sets of items in large databases [C]. ACM SIGMOD Record, 1993, 22 (2): 207-216

[273] Han J, Pei J, Yin Y, et al. Mining frequent patterns without candidate generation: a frequent-pattern tree approach [J]. Data Mining and Knowledge Discovery, 2004, 8 (1): 53-87

[274] Wang J C, Chiu C C. Recommending trusted online auction sellers using social network analysis [J]. Expert Systems with Applications, 2008, 34 (3): 1666-1679

[275] Moon S, Russell G J. Predicting product purchase from inferred customer similarity: An autologistic model approach [J]. Management Science, 2008, 54 (1): 71-82

[276] 王立才, 孟祥武, 张玉洁. 上下文感知推荐系统 [J]. 软件学报, 2012, 23 (1): 1-20

[277] 孟祥武, 胡勋, 王立才, 等. 移动推荐系统及其应用 [J]. 软件学报, 2013, 24 (1): 91-108

[278] 郭磊, 马军, 陈竹敏. 一种结合推荐对象间关联关系的社会化推荐算法 [J]. 计算机学报, 2014, 37 (1): 219-228

[279] 孙雨生, 严白云, 仇蓉蓉, 等. 兴趣图谱及其应用研究 [J]. 情报理论与实

践，2014，37（3）：89-94

[280] 丁旭武，吴忠，夏志杰. 社会化电子商务用户兴趣图谱构建的研究 [J]. 情报理论与实践，2015，38（3）：90-94

[281] Isaacman S, Becker R, Caceres R, et al. Identifying important places in peoples lives from cellular network data [J]. Pervasive Computing, 2011：133-151

[282] Wang J, Zeng C, He C, et al. Context-aware role mining for mobile service recommendation [C]. Proceedings of the 27th Annual ACM Symposium on Applied Computing. Trento, Italy, 2012：173-178

[283] Zheng Y T, Zha Z J, Chua T S. Mining travel patterns from geo-tagged photos [J]. ACM Transactions on Intelligent Systems and Technology, 2012, 3（3）：56

[284] Choe E, Myers S A, Leskovec J. Friendship and mobility：user movement in location-based social networks [C]. Proceedings of the 17th ACM SIGKDD International Conference on Knowledge Discovery and Data Mining. California, USA, 2011：1082-1090

[285] Lu E, Lee W, Tseng V. A framework for personal mobile commerce pattern mining and prediction [J]. IEEE Transactions on Knowledge and Data Engineering, 2012, 24（5）：769-782

[286] Cordóna O, Herrera-Viedma E, Luque M. Improving the learning of Boolean queries by means of a multi-objective IQBE evolutionary algorithm [J]. Information Processing and Management, 2006, 42（3）：615-632

[287] Choi J, Kim M. Adaptive relevance feedback method of extended Boolean model using hierarchical clustering techniques [J]. Information Processing and Management, 2006, 42（2）：331-349

[288] April K, William M. A framework for understanding latent semantic indexing performance [J]. Information Processing and Management, 2006, 42（1）：56-73

[289] Miles E. Query expansion and dimensionality reduction：notions of optimality in rocchio relevance feedback and latent semantic indexing [J]. Information Processing and Management, 2008, 44（1）：163-180

[290] Chen Z, Wenyin L, Zhang F, et al. Web mining for web image retrieval [J]. Journal of the American Society for Information Science and Technology, 2001, 52（10）：831-839

[291] Srihari R K, Rao A, Han B, et al. A model for multimodal information retrieval [C]. 2000 IEEE International Conference on Multimedia and Expo. New York, USA, 2000：701-704

[292] Blei D M, Jordan M I. Modeling annotated data [C]. Proceedings of the 26th

Annual International ACM SIGIR Conference on Research and Development in Information Retrieval. Toronto, Canada, 2003: 127-134

[293] 黄鹏. 基于文本与视觉信息融合的 Web 图像检索 [D]. 西安: 西安电子科技大学, 2008

[294] Zhao R, Grosky W. I. Narrowing the semantic gap- improved text- based web document retrieval using visual features [J]. IEEE Transactions on Multimedia, 2002, 4 (2): 189-200

[295] He R H, Xiong N X, Yang L T, et al. Using multi-Modal semantic association rules to fuse keywords and visual features automatically for Web image retrieval [J]. Information Fusion, 2011, 12 (3): 223-230

[296] 顾昕. 基于文本语义和视觉内容的图像检索技术研究 [D]. 厦门: 厦门大学, 2014

[297] 刘忠宝, 赵文娟. 个性化搜索引擎中用户兴趣模型的构建方法 [J]. 计算机系统应用, 2012, 21 (11): 1-6

[298] 刘忠宝, 贾君枝, 赵文娟. 数字图书馆跨媒体检索技术研究 [J]. 图书馆论坛, 2014, 12: 94-97

[299] 吴飞, 庄越挺. 互联网跨媒体分析与检索: 理论与算法 [J]. 计算机辅助设计与图像图形学报, 2010, 22 (1): 1-9

[300] Datta R, Joshi D, Li J, et al. Image retrieval: ideas, influences, and trends of the new age [J]. ACM Computing Surveys, 2008, 40 (2), 5-60

[301] Zhuang Y T, Yang Y, Wu F. Mining semantic correlation of heterogeneous multimedia data for cross- media retrieval [J]. IEEE Transactions on Multimedia, 2008, 10 (2): 221-229

[302] Wu F, Han Y H, Tian Q, et al. Multilabel boosting for image annotation by structural grouping sparsity [C]. Proceedings of the 18th ACM international conference on Multimedia. Firenze, Italy, 2010: 15-24

[303] Thelwall M. Link analysis: An information science approach [M]. 2004

[304] 黄贺方, 孙建军. 基于链接分析的网站评价实证研究——以四大门户网站为例 [J]. 情报杂志, 2011, 1: 75-76

[305] 沙勇忠, 欧阳霞. 中国省级政府网站的影响力评价—网站链接分析及网络影响因子侧度 [J]. 情报资料工作, 2004, 6: 18-19

[306] Vaughan L, Wu G. Link counts to commercial web sites as a source of company information [C]. Proceedings of the 9th International Conference of Scientometrics and informetrics. Dalian, China, 2003: 321-329

[307] Vaughan L, You J. Content assisted web co-link analysis for competitive intelligence

[J]. Scientometrics, 2008, 77 (3): 433-444

[308] Vaughan L, You J, Kipp M. Why are hyperlinks to business web sites created? Content analysis [J]. Scientometrics, 2006, 67 (2): 291-300

[309] Thelwall M. Conceptualizing documentation on the web: An evaluation of different heuristic-based models for counting links between university websites [J]. Journal of the American Society for Information Science and Technology, 2002, 12: 995-1005

[310] Thelwall M, Aguillo I F. La Salud de las web universitarias espaolas [J]. Revista Espaola de Documentacion Cientifica, 2003, 3: 87-92

[311] Smith A, Thelwall M. Web impact factors for Australasian universities [J]. Scientometrics, 2002, 54 (3): 363-380

[312] 金晓耕, 孙建军. 基于高校网站的社会网络分析与评价的相关性探究 [J]. 现代情报, 2014, 9: 51-55

[313] 郭亚宁, 徐伟. 高校网站评价应用研究——以国内 15 所农林类院校网站为例 [J]. 农业图书情报学刊, 2014, 2: 45-49

[314] 刘媞媞. 基于链接分析的山东高校网站评价研究 [J]. 泰山医学院学报, 2012, 12: 920-924

[315] Vaughan L, Wu G. Links to Commercial Websites as a Source of Business Information [J]. Scientometrics, 2004, 60 (3): 487-496

[316] 王皓, 杨思洛. 链接分析在中国知名企业评价中的应用探究 [J]. 情报杂志, 2010, 3: 48-52

[317] Rogers I. The Google pagerank algorithm and how it works [DB/OL]. [2006-05-12]. Http: // www. iprcom. com/ papers/pagerank/

[318] 赵文娟, 刘忠宝, 任菊香. 基于万有引力定律和 PageRank 的页面分类系统构建方法研究 [J]. 情报科学, 2015, 33 (6): 35-38